小水力発電が地域を救う

日本を明るくする広大なフロンティア

中島 大
Nakajima Masaru

東洋経済新報社

目次

第5章 ガラス張りの発電所計画 93

第6章 小水力発電の具体的なイメージ 109

第7章 成功のコツがわかる様々な実例　133

プロローグ

小水力発電が山村を復活させ日本社会を強靭にする

近現代はエネルギーの流れが逆転した時代

近代の限界が叫ばれて久しく、日本の社会にも様々な問題が起こっています。山村の過疎化と都市部への過剰な人口の集中はその一つです。都市への人口集中は、日本に限らず世界的傾向でもあります。

「時代の流れだから仕方がない」

そう思う方もおられるでしょう。現代社会は様々な問題を抱えていると言われます。大げさに聞こえるかもしれませんが、私はその理由の一つは山の幸が絶えていることに関連していると思っています。

「海の幸と山の幸」

この言葉が示すように、昔の日本では、山間地の自然の恵みが富として都市に流れ込んでいました。ところが今は、エネルギー（かつては薪炭《しんたん》が中心でした）や木材など多くの資源を輸入に依存しており、海外から港を通って入ってくるようになりました。

水田農業以前の縄文時代には、食料にせよ道具の材料にせよ、人の生活に必要なものは海と山から手に入れていました。弥生時代になり水田農業が始まってからも、山の中に暮らす人はいて、木材や薪炭、林産物など社会に必要なものを手に入れ、山から平野の村へと持ってきていました。山の中には人々にとって価値のあるものがあり、山から里へという、ものの流れがあったわけです。

特に樹木は重要でした。木材が、家などを建てる建築材として必要だっただけでなく、薪《まき》や炭《すみ》が、燃料としても必要とされていたからです。煮炊きに使ったり冬場の暖を取ったりするためのエネルギーは、山から里へともたらされていたわけです。

山に暮らしていた人々は、木を伐《き》って薪にしたり炭にしたりして里へ下り、燃料として売ると、そのお金を手にして、里や海でもたらされる米や魚、数々の生活必需品を手に入れて、山へと帰っていきます。こうして、資源は山から里へと移動し、お金は里から山へと移動して、山で暮らす人々の生活を可能にしていたのです。

そんな時代は、日本社会の歴史を見ると、ほんのこの前まで続いていたのです。

ところが、第二次世界大戦後、エネルギーの中心が石油へと変わると、燃料としての木材の価値は失われてしまいます。

まず社会に自動車が普及すると、燃料として石油を輸入しなければならなくなりました。さらに、工場や家庭では輸入による石油や石炭を燃やす火力発電に電力供給を依存するようになりました。こうして、海の向こうから輸入する化石燃料が社会におけるエネルギーの主役になったわけです。

山に暮らす人々もまた、次第に、海外から輸入した石油とそれによる火力発電の電力を、生活でのエネルギー源とするようになってしまいました。かつての山村は、薪炭エネルギーの上流にあり、そこから都市へと流れ下っていたものですが、今の石油や電力は沿岸部を発して山を遡《さかのぼ》るようになり、山村はすっかり下流になってしまいました。

さらに、日本の山の木材の価値を失わせてしまったのが、一九六四年の木材輸入自由化でした。海外から木材（当時は持続的な林業ではなく、天然林を伐りっ放しにすることが広く行われていました）を安く輸入できるようになったため、輸入材が急増し、その後三〇年で木材自給率が七〇％台から約二〇％に急落して、日本の林業は壊滅状態になってしまったのです。

燃料としても建築材としても木材は価値を失いました。このことは、山村から主要な価値が失われたことを意味していました。もう、かつてのように里から山へとお金は流れてこなくなり、山の中に暮らしていては生活が立ち行かなくなりました。

こうして、山村から人がどんどんと里へと移動し、過疎化が進んだわけです。

木材が燃料であり建築材であった二〇世紀の半ばまでは、ものの価値という意味で見れば、山は価値の流れの上流にあったのです。

ところが、燃料は海外の石油や天然ガス、建築材は熱帯地域や北方の木材が使われるようになると、全ては輸入ですから貿易港のある海からやって来ることになりました。価値は海から山へばかり移動し、山は、価値の流れの下流、しかも最も末端になってしまったのです。

価値の末端になったため、山村は過疎化した。

近代以降の日本の変化を、山の木というものの価値の変化に関連付けてみると、山村の過疎化の理由がよくわかるのではないでしょうか。

山村の人々に売るものがなくなり、海の方向にある街から買うばかりになってしまっては、経済が回るわけがないのです。こうして経済的に疲弊したことが、山村の過疎化の真相だと思うのです。

山の文化が滅ぶのはもったいない

文化は一度滅ぶと消滅してしまいます。

山村に人がいなくなり、村が滅んだとします。その後、再建をしようとしたとき、朽ち果てた家は立て直せますし、崩れた道や水道、電気などのインフラは重機などを使って再整備できます。そして、人が再びそこに集まって住めば、村の形は復活させられるでしょう。山の森林の整備、谷川の管理なども、人手があれば何とかなります。

けれど、かつてあった村の文化だけは、二度と戻りません。日本の古い山村には千年を超えて人が暮らしてきた例も稀ではありませんが、そうした歴史ある村々の貴重な文化は再生できないわけです。

例えば、山の棚田には、江戸時代から明治、大正と続いてきた歴史的な経緯があります。農業用水を整備するために積み重ねてきた知恵があり、それが村落コミュニティのルールという形で残っています。

また、農業用水などは即効的なインフラですが、これもコミュニティの知恵を結集しなければできませんでした。日本中に山も川もありますが、どの山も川も、一つとして同じものはなく、その山や川に応じた知恵を絞らないと農業用水路はつくれないからです。

農業用水をつくるには、最初、川に堰《せき》を築いてから、人が住んでいたり水田をつくろうとしている近くまで幹線となる水路をつくらねばなりません。川に堰を築くにせよ、大きな幹線水路をつくるにせよ、大勢の人が力を合わせないと不可能です。測量や設計を行う技術者も不可欠です。

専門の技術者がきちんとした設計をして、やはり現場の専門家がしかるべき指揮をとって、村の人間が総出で工事を行うことで、農業用水路は初めて完成します。

そして、できあがった水路は、住民の力で維持管理し続けなければなりません。

ですから、農業用水という村のインフラを整備することは、まさに村という社会そのものの価値を示しているものであり、文化の力なのです。その文化に裏打ちされて、村は成立します。

そうした基幹的なインフラのありがたみは、村で暮らしているとすぐにわかりますし、外の人間にはなかなかわからない部分でもあります。けれど、農業用水をはじめとして、村を成立させているインフラと、それを可能としてきた村の文化がなければ、村自体が存在しないのです。

その村の文化は、一度滅ぶと、再生させることができないのです。

私には、もったいないことだと思えてなりません。

山の人の強靱さが低成長時代の日本を救う

昨今、世界的に、経済の「グローバル化」（各国の市場をより均一化し、巨大な単一市場に向かう動き）と、それに抵抗する動きの対立が目立つようになりました。

これを「完全なグローバル市場化」と「保護主義」の対立のように整理する論者もいます。

しかし、そうではなく、「市場の均一化をもっと進めるべき」なのか、あるいは「均一化は現状で充分な（あるいは行きすぎている）ので、この辺で止めておく（あるいはもう少し管理強化する）べき」なのかという方向性の対立だと私は考えています。

そして私自身の意見は、世界にはモザイクのように個性的な市場がたくさん存在するのが自然だということになります。モザイク同士相互の経済自由化は、一定程度までは大きな恩恵をもたらすけれど、行きすぎると弊害が大きくなるものであり、現在すでに行きすぎているという考えです。

このモザイクは、必ずしも国単位を意味するのではなく、もっと小さく区切るほうが望ましいのではないでしょうか。少なくとも、同じ国（日本国内）でも、都会と田舎ではルールが違うほうが自然だと思えます。

学生時代に、水車むら会議（170ページ）の活動で静岡県藤枝市の山間地を訪れたとき、黙々と石垣を積む地元の古老がスーパーマンに見えたことが今の私の原点になっています。災害で交通が遮断しても、自分たちの力で生活基盤を確保することができるのです。

私はそのときまで、自分で石を積んだり屋根を葺《ふ》くなど、想像したこともありませんでした。

東京の生活はお金さえあればとても便利ですが、いざ物資が入らなくなったら何もできません。

分業が進むと効率が上がりますが、効率性は脆弱《ぜいじゃく》性と裏表の関係にあります。正常に物事が進んでいるときに最高効率を追求すると、一度異常が起きればたちまち機能停止に陥る弱さを抱え込むことになります。

もし、変化に強い、強靱な社会をつくろうとするのなら、ある程度は効率を犠牲にして、冗長性を持たせる必要があります。異常事態では、経済効率ではなく臨機応変に身近なものを活かす知恵が重要だということです。

山間地には今でも、数ヶ月間交通が途絶えても慌てないメンタリティが受け継がれていいます。具体的な生活の知恵はどんどん失われているようにも思いますが、覚悟のようなものは若い人からも感じられます。日本が大きな危機に直面したとき、このようなメンタリティや知恵が生きるのではないでしょうか。

世界が不安定さを増し、いつ危機を迎えるかわからない現代においては、グローバル経済に向いた人材と同時に、危機に対処できる人材もまた必要になるはずです。

人にも多様性を求めるべき

これからの社会では、人材にも様々なタイプが共存すべきだと思います。多種多様な能力を持った人々がいることで、何か大きな変化があっても、誰かが対応できるようになります。人材の多様性が社会を柔軟にし、強靱にしてくれるわけです。

先進国といわれる国々は「成熟経済」の時代に入ったと言われます。かつてのような高い経済成長は見込めませんし、効率優先で経済成長を追うのではなく、低成長経済の下で生活の質や文化を追求し、豊かに暮らすことが求められるようになったと言われます。

近代社会の限界が叫ばれて久しいですが、「これさえあれば」という万能の解決法はどうもなさそうです。少しずついろいろなことを試してみるのが、現実的な対処法なのでしょう。

小水力発電を開発し、山間地の地域社会を継続させることも、そうした試みの一つです。山の暮らしで育った人たちが増えることは、必ず私たちの社会に安定感を生んでくれますし、様々なタイプの人が生きられる多様性に富んだ寛容な社会は、きっと今よりも楽しくなると私は思うのです。

小水力発電のポテンシャル

日本で水力発電（大から小まで）のポテンシャルが高い地域と言えば、まず中部山岳地帯が挙げられます。この地域には有名な黒部ダムに代表される巨大ダムが建設され、山奥の発電所から沿岸部の都市に電気を供給してきました。

けれど今では、水力発電の比率はすっかり下がり、沿岸部の石油・石炭火力や原子力発電から山間地に向かって電気が送られるようになっています。

日本の中小水力発電のポテンシャルについて、たとえば環境省の『再生可能エネルギーに関するゾーニング基礎情報』(https://www.env.go.jp/earth/zoning/index.html) では約九〇〇万kWとなっています。経済性を考慮したシナリオでその半分以下、百数十~四百数十万kW程度が開発可能ではないかとされています。

このうち、本書の主題である地域で取り組む規模の小水力発電は、出力一〇〇〇kW以下程度の規模と考えられ、その開発可能量は全国で数千ヶ所、合計一〇〇万kW程度ではないかと考えています。年間の発電量で言えば五〇億kW時程度で、日本全体の電力消費量の一％に届きません。いかにも小さな存在に見えます。

けれど、これだけの電力があれば、小水力発電を行っている足下の山間地の需要はおおむね満たすことができます（地形や降水量によって、不足したり余剰が出たりするでしょうが）。

つまり、小水力発電の可能性のある場所を開発すれば、山間地は電力の面で自立できるわけで、地域にとっては十分に大きな電力だと言えるのです。

これからの時代のエネルギーを、日本全体を同じように平均して考えるのではなく、地域ごとに分割して考えてはどうでしょうか。

都市部には都市部にふさわしい電源があります。住環境を悪化させない、事故の危険性が少ない、都市の特性に合った電源があります。

工業地帯には工業地帯にふさわしい電源がやはりあるでしょう。

そして、山間地には山間地にふさわしい電源があるということで、それが小水力発電だということなのです。

地球温暖化対策、日本のエネルギー自給率などを視野に入れると、このように地域ごとの特性を考えながら電力供給を考えることは有効ではないでしょうか。

そして、山間地の存続が日本社会の安定性や持続性にプラスになることを考えあわせれば、そのために大きく役立つ小水力発電の持つ意味は、決して小さくないと思うのです。

もちろん、電力系統は全国でつながっていて、余剰や不足の調整も行うことを前提に考えますが。

再生可能エネルギーの重要性が広く理解されるようになり、再生可能エネルギーによる電力を固定価格で買い取るＦＩＴ制度が始まりました。そのおかげもあり、小水力発電の開発は非常に注目されています。

現在でも全国で、毎年約八〇の小水力発電所が建設されているのです（経済産業省『固定価格買取制度情報公表用ウェブサイト』http://www.enecho.meti.go.jp/category/saving_and_new/saiene/statistics/index.html から一〇〇〇kW未満の導入件数を集計したもので、リプレイスを含む）。

小水力発電の魅力

「小水力発電は全部見えるのが魅力」

私はそう思っています。

例えば、テレビの場合、受像機がどんな仕組みなのか、専門家以外は知りません。テレビ電波がどんな仕組みで送信されるのかも、テレビ番組がどうやってつくられているのか

〈水力発電所の全景〉

砂防ダムの上から、パイプを通って発電所まで水が流れてくることは感覚的にわかりやすい。
山梨県南アルプス市「金山沢川《かなやまざわがわ》水力発電所」。

も、一般の人はよく知らないわけです。

そんなものだと割り切って受け入れるのに慣れているから、別に不都合だと思わない人がほとんどでしょうが、そこには、現代社会の手ごたえのなさがあると思います。

ところが、小水力発電は全く違い、発電に関わる全てを自分の目で見て理解できるだけでなく、その過程について自分が関わることさえできるのです。

目の前に川が流れていて、その力で水車が回る様子を感じ取ることができます。発電所の水車（タービン）そのものは鉄製のケーシングに入っていて見えませんが、川からパイプの中を通ってきた水が水車を回す様子は、水道水を使う経

〈水車と発電機〉

パイプを通ってきた水がケーシングの中にある水車を回すことも、イメージするのは難しくない。山梨県南アルプス市「金山沢川水力発電所」。

験や水車模型を見ることで容易に想像することができます。水車が回ると、発電機から回った分だけ電力が発生するその様子が実感として理解できるのです。

それだけではなく、発電の大本である川の水の流れさえ、その様子がよくわかります。

例えば、大雨が降っているとき、小水力の発電が止まったとしましょう。

雨が降っているのだから、川に水がないはずはなく、むしろ普段よりも水量は多いはずです。それなのになぜ停電しているのか、不審に思って、川の様子を見に行くと、なるほどと納得がいきます。

川には大雨で大量の土砂が流れ込んでいて、そこから発電機へと取水すれば砂や小石が水車に当たって壊すおそれがあるとすぐにわかるからです。

さらに、なぜ、こんなに川の水が濁っているのか、大量の土砂がどこから来ているのかまで、村の人ならば想像がつくでしょう。

「どこそこの山が崩れた」などという具体的な情報を、同じ村の人から直接耳にするからです。ああ、そうか、あの斜面が崩れたから、川に大量の土砂が流れ込んだのだと、容易に察しが付くのです。

山間地の大雨で山が崩れると、川にはいかに多くの土砂が流れ込むか、山の事情を知らない人にはピンと来ないかもしれません。私も東京育ちですからこの仕事をするまでは知らなかったのですが、一回の雨で土砂が川に一mも二mも堆積することがあります。ですから、一度、豪雨があれば、川に大量に流れ込んできた土砂の圧力で橋が流されてしまうことさえあるわけです。大雨で橋が流されるなどということは、都会暮らししか経験のない人には実感としてわかりにくいでしょう。

山には実感としてわかる自然があり、それに密着した生活があります。そして、小水力発電は実感としてわかる自然の範囲で、その恩恵を手に入れるものです。人の実感として理解でき、手ごたえを感じながら利用できるという点で、山の生活を象徴するようなエネルギー源なのです。

さらに、人間性を回復させてくれるという意味で、ポストモダンにふさわしいエネルギー源と言えるかもしれません（少し言い過ぎでしょうか？）。

山村はポストモダンのキーパーソンを育てる

二〇世紀は戦争の時代だったと言われています。現代は、テロ事件の急増や地球温暖化など様々な近代の歪《ゆが》みが露呈していて、近代を超える次の時代、すなわちポストモダンを世界中が模索しています。

そんなこれからの日本で、ポストモダンのカギとなるのは、山で育った人材なのではないかと、私は思っています。

山で育った人には、特有の直感的な判断力があります。

例えば、山村で暮らしていると、生活に必要な薪や山菜を採るのでも擦り傷や切り傷を負うのは普通のことですし、時には急な斜面から滑り落ちそうになったり、毒のある植物や虫にやられたり、熊や猪に遭遇したりと、危険な場面を経験します。

さらに、嵐によるがけ崩れや谷川の氾濫、冬の大雪による村の孤立など、自然災害のときには命の危険さえあります。

そんな危険な場面を切り抜ける経験を日常的に重ねることで、山で暮らすために必要な判断力や団結力が自然と備わっていくわけです。

これに対し、都会生活ではリアルな直感力が育たない面があると思うのです。加工され整理された情報があふれていますから、物事をマニュアル化された手順で効率よく処理することに慣れていきますが、自然にもまれないと、危険が迫ったとき瞬時に適切な判断を下す力が育ちにくいのではないでしょうか。

地球温暖化による異常気象、国際政治や経済状況の激変など、日本社会はこれから想定外の事態の起こりやすい時代に入るでしょう。災害が起こったり、経済や安全保障面で大きな危機に直面したりしたとき、危機に動じず、適切な判断を直感的に下せる人を一定程度育てるためにも、日本にとって山村は絶対に必要だと私は思います。

小水力発電の開発を一つのきっかけとして山村社会に活力を取り戻し、そこで次の世代が育っていくことで、日本社会は強靱さを獲得することができるでしょう。

第1章

小水力発電で岐阜の山村が復活

一人のリーダーシップが村を変えた

山村で小水力発電を行うとはどういうことか、実際の成功例をご紹介しながら、具体的にお話ししていこうと思います。

プロローグで書いたとおり、日本の山間地には小水力開発の適地が多数あり、出力で一〇〇万kW、年間発電量で五〇億kW時以上、現在の固定価格買取制度の単価で毎年一五〇〇億円以上の売り上げをもたらす可能性があります。

これまで開発が進まなかった理由については追い追い書いていきますが、全国のモデルとなり開発を牽引する力となる事例が少しずつ生まれてきています。その一つが石徹白《いとしろ》地区の取り組みです。

岐阜県郡上市白鳥町《ぐじょうししろとりちょう》石徹白地区は石川県との県境に近く、霊山・白山の登山口に位置し、標高は七〇〇m、山中に孤立している集落で、隣村まで一五km も離れています。景行《けいこう》天皇の時代に遡《さかのぼ》ると言われる歴史の古い山村ですが、市町村合併により今は郡上市に含まれています。流域としては、九頭竜川《くずりゅうがわ》支流の一つ、石徹白川の源流部です。

半世紀前までは人口は一〇〇〇人を超えていましたが、近年では、全国の山村と同様に過疎化が進んでいました。そうした状況を変えたのが小水力発電だったのです。

現在、石徹白地区の世帯数は約一〇〇、総人口約二七〇人という小さな集落ですが、ここ一〇年ほどで移住してきた住人やその子どもたちがもう三〇人を超えています。その全てがもともと、石徹白地区に縁のなかったほかの土地からの移住者、いわゆるIターン組です。移住者には若い人が多く、これから先しばらくは、石徹白小学校の入学者の大部分がIターン家族という状況になるでしょう。

そのような家族の多くが、水力発電の取り組みに興味を持ったことがきっかけで移住してきた人々なのです。

では、なぜ石徹白の小水力発電は成功したのか。

その理由は、平野彰秀《ひらのあきひで》さんという若者の熱意にありました。もちろん、多くの人の努力・協力があって実現したわけですが、本章では、彼の行動に焦点を当てることでこれまでの経緯を追ってみたいと思います。

平野さんは、もともとは岐阜県岐阜市の出身で、学生時代を過ごした東京で外資系のコンサルタント会社に就職していました。

しかし、岐阜県にある「NPO法人地域再生機構」の活動に参加したことから石徹白地区に通うようになり、活動を通じて出会った馨生里《かおり》さんと結婚。地域再生を本業にすべく退職して岐阜市内に戻ります。

一方の石徹白地区は、一九五〇年頃に約一二〇〇人いた人口が三〇〇人を切るまでに減少して地域に危機感がつのり、地域社会の維持発展を目指した「地域づくり協議会」を立ち上げて行動を始めました。その一環で設立した「NPO法人やすらぎの里いとしろ」の役員が県内団体の交流の場で地域再生機構の若者たちと出会ったことから、石徹白をフィールドとした両者の共同事業が始まったところでした。

そして、平野さんを含む若者たちが現地を訪れて地域環境を分析した結果、小水力エネルギー利用を地域再生の起爆剤にしようと考えたのです。

「こんな大きな発電所は無理だ」

私が平野さんと知り合ったのは二〇〇八年二月二一日のことでした。資源エネルギー庁が東京国際フォーラムで開催した「グリーンパワーキャンペーン」の分科会で発表した後、通路を歩いていた私に声をかけてきた男性がいました。

「実は岐阜で小水力発電をやりたいのですが、相談に乗ってほしいんです」

これが平野さんでした。

〈マイクロ水力発電設備〉

農業用水の余り水を川に戻す地点を利用して、ベトナム製の安価な水車発電システムを設置。

早速翌月に、全国小水力利用推進協議会理事の金田剛一さん、小林久さんとともに現場に向かいました。五月に予定しているイベントの相談や、実験中のマイクロ水力発電への助言を求められたからです。また、石徹白川や農業用水路、現地の地形などから、長期的な可能性も見てほしいと言われました。

平野さんはこう言いました。

「今回のイベントはあくまでも入り口で、いずれは、少なくとも石徹白地域の消費電力に見合うくらいの発電所をつくりたいんです」

私たちが見たところ、確かに農業用水路や砂防ダムなどを活かせば、この地域の需要を満たせるだけの発電ができそうです。

〈実験用負荷として電灯を点灯〉

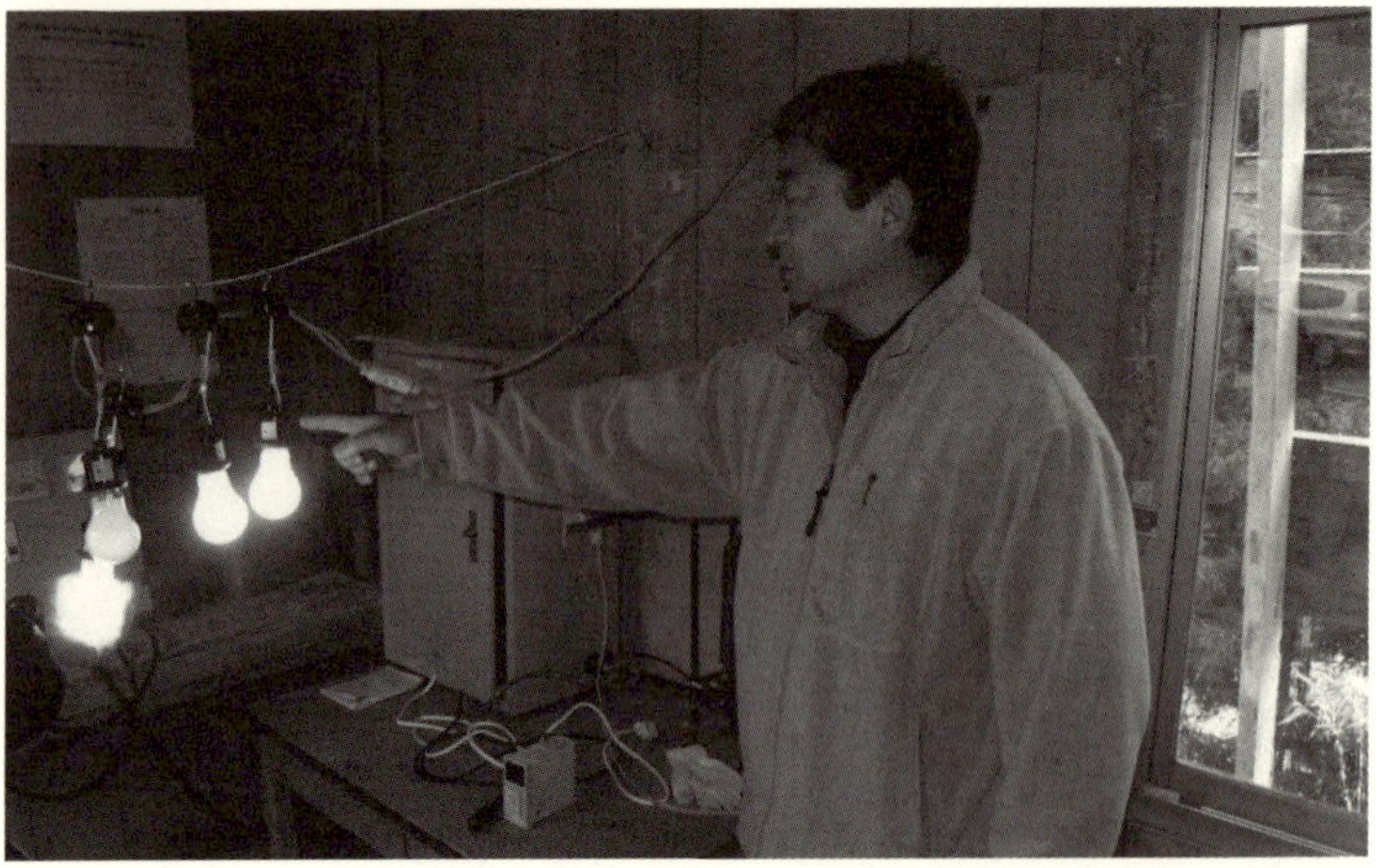

発生電力で電灯を灯し、電力測定を行う。灯りがつくので地域の皆さんは発電状況を理解しやすい。人物は地域再生機構代表の駒宮博男さん。

家庭の消費電力を小水力発電の出力に換算すると、一軒当たり一kWが目安になります。電力での比較と電力量での比較、あるいは戸建てと集合住宅の違いなどがあり一概には言えませんが、農家の年間消費量から考えるとだいたい一軒当たり一kWくらいなのです。

現地の皆さんと私たち三人が話し合った結論は、多分四〇〇〜五〇〇kWはいけるだろうというものでした。

約一〇〇軒まで減ってしまった世帯数がうまく盛り返しても充分賄《まかな》う可能性があります。

平野さんたちは、最初は小規模な実験事業を重ねました。数kW程度のマイクロ水力発電装置を一号から四号まで地域で展開しながら、水力発電が地域振興にとっていかに大切かということを根気よく説明しました。

平野さんの誤算

実験用のマイクロ水力発電と並行して、本格的発電事業へと進むために、まずは計画しているものと同じような発電所の見学会も実施しました。二〇〇八年一一月のことで、実際の施設を見て実感してほしいという狙いです。

私は、平野さんから相談を受けて、長野県木島平村《きじまだいらむら》の馬曲川《まぐせがわ》発電所を紹介しました。もともと馬曲温泉の電源用として村が開発した発電所で、自家発電する必要がなくなった今でも中部電力に売電しています。

平野さんにしても私にしても、石徹白の人たちが馬曲川発電所を見れば、計画が具体的にイメージしやすくなり、きっとやる気になってくれると期待していたのです。ところが、当てが外れました。

村の人たちは発電所を見ると、やる気になるどころか、逆に、しり込みしてしまった。

「こんな大きな発電所をつくるのだとは思わなかった」

〈馬曲川発電所〉

長野県木島平村の馬曲川発電所（出力 95kW、1988 年 10 月運用開始）。ログハウス風の小屋に収まったかわいらしい発電所である。

と驚いてしまったのです。

その発電所の建物は、ちょうど農家の倉庫くらいの規模です。私たちのように水力発電所を見慣れている人間には、「小さな可愛い発電所」に見えるのですが、水力発電所を一度も見たことのない人には、確かに、大きなものに思えるかもしれません。

なにしろ、これまで村の人が知っていたのは、実験用の小さな発電機だけだったのです。

ところが、案内されたところは立派な発電所でした。怖気《おじけ》づいてしまうのも無理はありません。

「こんな大きなものを、自分たちに本当につくれるんだろうか」

そう思ってしまったのです。しかも、計画を具体的に聞けば、億単位の投資が必要だとわかり、すっかり消極的になってしまいました。

やる気を出してもらうつもりの見学はどうやら裏目に出たようです。

けれど、これがきっかけになって、本当の誤算はもっと別のところにあるのだとわかることになったのです。

実はそのときまで、地域再生機構と石徹白地区の話し合いは、主に地域づくり協議会の場で行われていました。馬曲川発電所見学会にも協議会メンバーが参加しています。

ところが、これは全国どこでもよくあることなのですが、地域のこのような会合は得てして長老たちの集まりになりがちで、働き盛りの住民や未来を担うべき若手が入っていないことが多いのです。

石徹白もこの例に漏れませんでした。

ふとした機会に若手から、

「長老たちと外から来た若いのが何かやっているけれど、自分たちの問題と関係があるとは思えない」

という言葉を聞いたと、平野さんは後に語っていました。

地域全員が参加できる体制づくり

地域住民の皆さんも、この体制が問題だと気づいていました。

もともと地域づくり協議会を立ち上げたきっかけは、過疎化が進んだこと、とりわけ若夫婦や子どもの数が減少し、遠からず石徹白小学校が廃校になってしまうという危機感があったからです。

小学校の存続は、地域が存続するかどうかの先行指標と言っても過言ではありません。子育て環境の悪化でますます若い夫婦がいなくなるだけでなく、他地域の小学校を卒業することになる子どもたちの帰属意識が薄れ、高校・大学を卒業した後戻ってくる動機が弱くなるからです。

ですから、村の存続のためには地元小学校の存続は極めて重要であり、石徹白地区でも過疎化と高齢化の対策として、まず、石徹白小学校の存続を目標に掲げ、地域づくり協議会を立ち上げたのでした。

ところが、協議会の組織については、旧来どおり長老中心の寄り合いにしてしまったため、肝心の子育て世代や働き盛り世代が抜けていました。発電事業に限らず、地域経済を動かすような新しい動きをつくる体制になっていなかったのです。

そこで二〇〇九年に、地域づくり協議会の組織体制を変えて第二期活動をスタートさせ、若者も巻き込んで地域全員が参加できる取り組みを始めました。

その代表的な活動としては、若手男性たちが始めたホームページやブログ、若手女性によるカフェ、Ｉターン向けの空き家紹介、修学旅行民泊などが挙げられます。

このうちユニークな取り組みだと思ったのがカフェの開設です。カフェと言っても施設を建てたのではなく、調理設備を持つ集会所を利用して不定期に開催するものでした。

地域を何とかしなければならないという思いは全員が共有していても、住民同士のコミュニケーションが取れていない。特に仕事を持つ世代は、会合に出られる時間に限りがあり意見を語る場がない。でも、昼食時に集まる場所があれば、食事しながら気軽に意見交換できるのではないか――。

そう考えた女性たちが、その都度告知しながら不定期で始めたカフェなのだということです。

その後、小水力発電の見学者など来訪者向けの食事も提供するようになり、春から秋にかけては毎週末オープンするようになって、それ自体が交流事業の一環に育ちつつあります。

〈ふるさと食品加工施設と上掛け水車〉

石徹白地区「ふるさと食品加工施設」に電源を供給する上掛け水車。出力約 800 W。2011 年 6 月運用開始。電力系統と接続せず、独立運転で加工施設内の機器に電力供給している。

村の農産加工場の電力を小水力で供給する

このような動きと並行して、平野さんたちの活動も深化していきます。

本格的な発電所建設は、地域内の体制が整うまでいったん先送りし、より多くの住民が自分たちの問題として理解できるような水力利用を考えました。

地域には「ふるさと食品加工施設」という施設があるのですが、稼働していませんでした。加工品をつくってもあまり利益が上がらず、電気代を払うと赤字になってしまうので、電気を止めて閉鎖しているというのです。

ちょうどその頃、地域再生機構代表理事の駒宮博男さんが、科学技術振興機構による研究事業に参画していました。

小水力発電と地域社会の関わりがテーマだったことから、研究費を使って水車をつくり、そこから生まれた電力で農産加工場を動かし地域経済に貢献しようとするものです。

二〇一一年六月に、この水車が稼働し、食品加工施設が再び生産を始めます。

実は、小水力発電の取り組みなどが功を奏し、また地域再生機構のネットワークに連なる人も多かったため、石徹白を訪れる交流人口は少しずつ増えており、移住を希望する若者も出始めていました。来訪者や人のつながりが広がることで、加工品への需要も高まっていたのです。

特に、石徹白は高冷地でトウモロコシの糖度が高く甘いので、トウモロコシ粉を乾燥した「つぶもろこし」が人気のようです。

カフェにも、住民だけでなく、予約して訪れる来訪者が増えてきて、郷土料理の提供や新たな加工品の考案を通じた経済循環が生まれ始めたのでした。

岐阜市に居を構えていた平野さんたちも、同年九月に、手頃な空き家を見つけて石徹白に移住しています。

二タイプの小水力発電

このようにして、水力発電が身近に役立つことや、新しい取り組みが交流人口を増やし地域に活力をもたらすことを地域の皆さんが理解するようになりました。

これは私の想像ですが、若い夫婦のＩターンが何組も移住したことや、石徹白で出産したことが大きなインパクトを与えたのではないかと思います。

もともと、石徹白小学校の存続を目標に始めたことであり、いつしか移住者の子どもたちだけでも当分小学校は安泰な状況になってきたわけですから。

平野夫妻の長男源一君が生まれたのも二〇一二年のことでした。

ちょうどその頃、石徹白の水田を潤《うるお》す農業用水路の改修事業が、岐阜県により始められていました。

石徹白の水田を支える農業用水は、約二キロ上流の取水口から山腹水路を通って流れてきます。山腹水路というのは、尾根の中腹をほぼ等高線に沿って導水する水路のことです。この水路が傷んできたので改修することになったのです。

と同時に、水力発電計画も検討されていました。岐阜県は以前から小水力発電に熱心に

〈石徹白地区の二発電所配置概念図〉

水路改修に合わせて岐阜県が設計した市営発電所は、用水路に沿って田んぼに行く水を使う。一方、農協営発電所は水路から分水し、発電後の放流水はそのままもとの河川（朝日添川）に戻している。

取り組んでおり、合理的な発電が可能な地点については農業用水路改修に合わせて発電所も建設することを進めていたのです。

ただし、県が計画していたのは「田んぼに行く水で発電」する方式でした（田んぼに行く水での発電、行かない水での発電は上の図および第二章を参照）。

一方、地域で考えていたのは、落差を大きく取ることで出力が大きくなり経済性が高まる「田んぼに行かない水で発電」する方式だったのです。

普通は、この二つの方式のどちらか一方に集約するのですが、様々な事情があって、県の計画に沿った発電所は県が建設して郡上市に譲渡することになり（これを「市営発電所」と呼ぶことにします）、これとは

〈石徹白農業用水農業協同組合創立総会〉

2014年3月9日、石徹白農業用水農業協同組合創立総会。この後資金調達して着工し、2年後の2016年6月1日に通電式を迎えることになる。

別に石徹白地区が独自に「田んぼに行かない水を利用した発電所」（後述のように農協が経営するので農協営発電所と呼ぶことにします）を建設することになりました。

当然、水を二分割して二つの発電所を建てるのですから、経済性の観点からは不利になってしまいます。

ですが、岐阜県としても、石徹白の取り組みは他地域の先駆けとなる良いモデルだと考え、これはこれで応援したいということで、自らの発電所建設とは別に、地域が建設する発電所への補助金を用意してくれることになりました。

小水力発電のための農協を設立

さて、発電事業を行うことが決まると、事業主体をどうするかが問題になります。石徹白に限らず地域で取り組む場合に共通の課題です。

石徹白の場合には、農業用水管理と一体性があることや、県の補助金の関係で、発電目的の農協（農業協同組合）を設立して事業主体にすることにしました。地区住民全員の出資による農協設立です。ただし、総合農協は、元々あった石徹白農協が広域合併して「めぐみの農協」になっていたことから、発電と地域振興を目的にした新しい農協です。

発電事業を目的とした農協というのは、戦後の一時期、中国地方を中心にさかんに設立されたものです。「農山漁村電気導入促進法」（昭和二七年）の成立により、電力会社でなくても農林漁業団体が電気事業を営むことができることになったことから始まった動きです。これについては第八章で解説しますが、ここ半世紀以内に発電目的で設立された農協は石徹白が初めてだと思います。

組織の基本理念から言っても、地域全体の利益を目的とした組織ですから、協同組合が適しているという面ももちろんあると思います。

近年にないチャレンジであることから、農協設立を認可する岐阜県との協議や、法律を主管する農林水産省とのやりとりなどに時間を要しましたが、二〇一四年三月、無事に創立総会を行うことができました。

一つの成功が次の成功へとつながる

岐阜県が計画し先行した石徹白清流発電所（市営発電所、出力六三kW）は二〇一五年六月に完成しました。

そして一年遅れて二〇一六年六月に、農協営の石徹白番場《ばんば》清流発電所（一二五kW）が運転開始しました。この発電所は総工費二億三〇〇〇万円、全電力をＦＩＴ制度（固定価格買取制度）により売電します。

ＦＩＴ制度が始まった今は、小水力発電に良い時代です。

過疎の村が活性化するには経済活動を盛んにしなければなりませんが、普通の商品はつくっただけでは売れません。売るための営業活動が必要になるのですが、農産加工品などの市場開拓は簡単ではありません。先に紹介したふるさと食品加工施設も、販売が思うようにいかず一時閉鎖していたわけです。

ところが、小水力発電の電気は、ＦＩＴのおかげで必ず売れるという利点があります。つまり、小水力発電は山間地の経済活動に確実性の高い成功をもたらし、成功体験が地域の人々に自信を与えてくれるのです。

そうなると、交流人口の増加や特産品販売につながる新しい事業を始める意欲がわいてきます。

平野さんは「小水力発電はきっかけにすぎない」という言葉をよく口にします。それは、このような連鎖反応を指しているのです。

今、平野さんは石徹白地区のやり方を、岐阜県内あるいは県外の、同じく過疎で悩む地域に広める活動をしています。見学者も年々増加し、石徹白地区で生まれたモデルが各地に広がろうとしています。

また、本章冒頭に書いたとおり、石徹白には農業用水利用以外に、河川から直接発電用に取水する発電所の可能性があります。

これまでの取り組みが周囲に波及することと併せて、新たな発電事業にも取り組んでほしいと願っています。

第2章

農業用水路に眠る電力

「空き断面」とは──用水路にいつも水がたくさんあるとは限らない

ここからは、用水路を利用した小水力発電について述べたいと思います。「農業用水」ではなく「農業用水路」であることに、まずご注意ください。

これからの開発可能性、特に山間地での開発を考えると、「農業用水」を利用した発電地点は少数派であり、多くは河川から発電用に直接水を引くことになると予想されます。けれど、「農業用水路」という土木構造物を活かした発電や、廃止された水路を発電用に再利用する可能性を含めると、必ずしも少数派とは言えなくなってきます。

とは言え、多くの皆様にとっては、そもそも「農業用水」利用と「農業用水路」利用のどこが違うのかといったこともわかりにくいのではないでしょうか。

そこで本章では、そうした小水力発電の基礎知識からお話ししたいと思います。

キーワードは「空き断面」です。

まず、農業用水路というのは水田に水を供給するためにつくられた人工の水路のことです。一部、畑地のかんがいや、防火、除雪などの複合利用もありますが、ここでは便宜的に水田だけを考えます。

田んぼを見たことのある人なら水田の周囲に水路があるのをご存じでしょう。あれが農業用水路です。

各々の水田の周りを流れている細い水路だけでなく、そこへ水を送り込むための小川のような水路もあります。こちらのほうもまた農業用水路で、幹線水路と呼びます。

農業用水路で水力発電をする場合に利用するのは、主にこの幹線水路のほうです（石徹《いと》白《しろ》で最初に実験したくらいの規模であれば末端の水路でも可能です）。

幹線水路は、多くの水田で使われる水を供給しますから、その水量はかなり大きくなるので、発電した場合の出力が大きくなります。

ただし、幹線水路に常に水がたくさん流れているわけではなく、季節によって水量には大きな違いがあります。これは季節によって雨が少なくなるという意味ではありません。農業用水は、あくまでも水田に必要な水を供給するためのものであり、たくさんの水を必要としていない時期には、川からの取水を絞って用水路に流す水を減らすからなのです。

そもそも幹線水路をつくるとき、最大でどのくらいの水を流せるようにするか、あらかじめ想定して設計します。その最大量は、供給予定の水田が要求する最大の水の量から割り出します。つまり、水田が最も水を必要としている季節に、幹線水路には最大の水量が流れることになり、その水量が安全に流れるように水路が設計されているわけです。

水田に水が最も必要なのは田植えの季節です。どの水田にも満々と水が入れられます。逆に稲刈りが近づくと地面を乾かしますし、稲刈りが終わった後の冬季も水を使いません。水田に水がほとんどない時期が、秋から次の年の春先まで続くことになります。したがって、水路の水量も、秋から翌年の春までは少ないままになります。幹線水路に最大量の水が流れている時期は、むしろ短いと言えるのです。

農業用水路の断面を見てみると、安全に水を流せる最大量まで水がある状態と、秋から冬、春先までの水の少ない状態では、水のある所の面積に大きな差があります。言い方を変えれば、流そうと思えば水を流せる、空いている面積があるわけです。

この、季節によって空いている断面積のことを「空き断面」と呼ぶのです。

なぜ、ここまで農業用水路の空いている部分のことについて長々説明してきたかというと、農業用水路の発電利用にとって、この「空き断面」が非常に大きなカギを握っているからなのです。

農業用水の水力発電への「従属利用」

人工とは言え、農業用水路も水が流れているという意味では川と同じですから、水力発

〈農業用水の流量と、空き断面に流せる流量〉

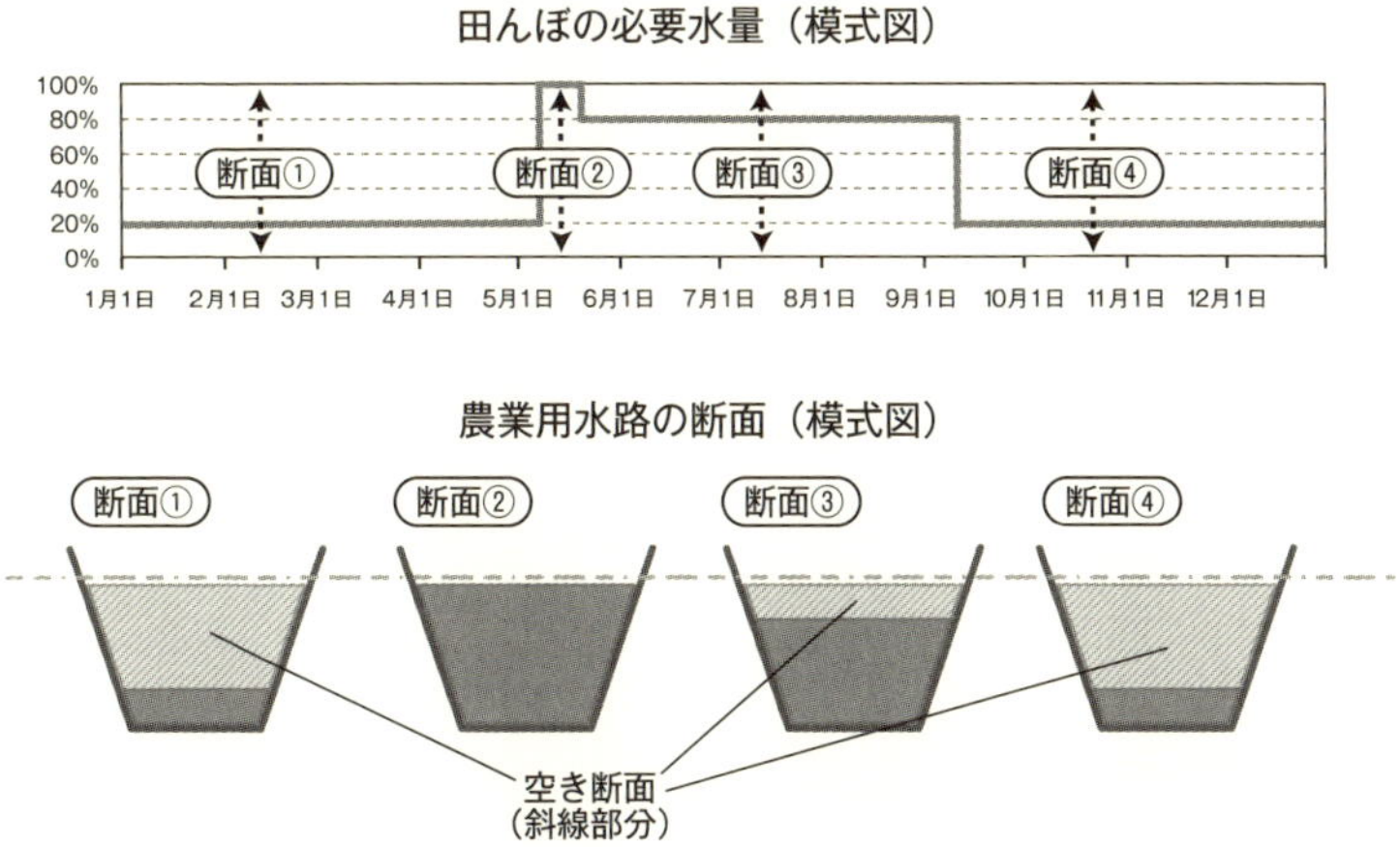

電が可能であることはすぐにおわかりでしょう。

けれど、川とは決定的に違う面もあります。川のように自然の降雨によって水量が変化するのではなく、あくまでも人工的につくられた流れであり、特定の目的を持った水流のため、その目的によって水量が変わるという点です。

先ほど述べたように、あくまでも水田のために水を流すということで、水田に必要なければ余計な水を流すことはないわけです。田植えシーズンの前後には農業用水路の水量はピークになりますが、それが終われば水量はかなり減り、稲刈りが終わってしまえば例えば一〇%程度しか流さなくなるのです。

ところで、水力発電で得られる電力は、水の流れの高低差が大きいほど多くなり、また、水の量が多いほど大きくなります。つまり、水力発電の都合から言うのなら、農業用水路の水が多いほど電力は大きくなるわけです。

「農業用水」を使った発電では、水田に水を送る水路に落差があれば、そこに発電機をつけることで電力を得られます。農業用水の水量がピークのときには一〇〇％、半分のときには五〇％、冬で水量が少ないときでも例えば一〇％の発電ができるわけです。

これを農業用水の水力発電への「従属利用」と呼びます（55ページ図参照）。

従属利用では、幹線水路から発電所に引きこんだ水を、もとの水路に戻すまでの落差で発電します。もし、発電機を設置した場所との高低差が三〇ｍなら、この三〇ｍの水圧で発電するわけです。

このように、水田で使う水を流すついでに発電する「従属利用」だけが農業用水を利用する発電だと、少し前までは皆が思っていました。

「空き断面」のほうがポテンシャルは大きい

けれど、発電の都合を中心に考えれば、もっと良いやり方があります。農業用水路で発

〈農業用水路を使った「従属発電」と「空き断面」利用の模式図〉

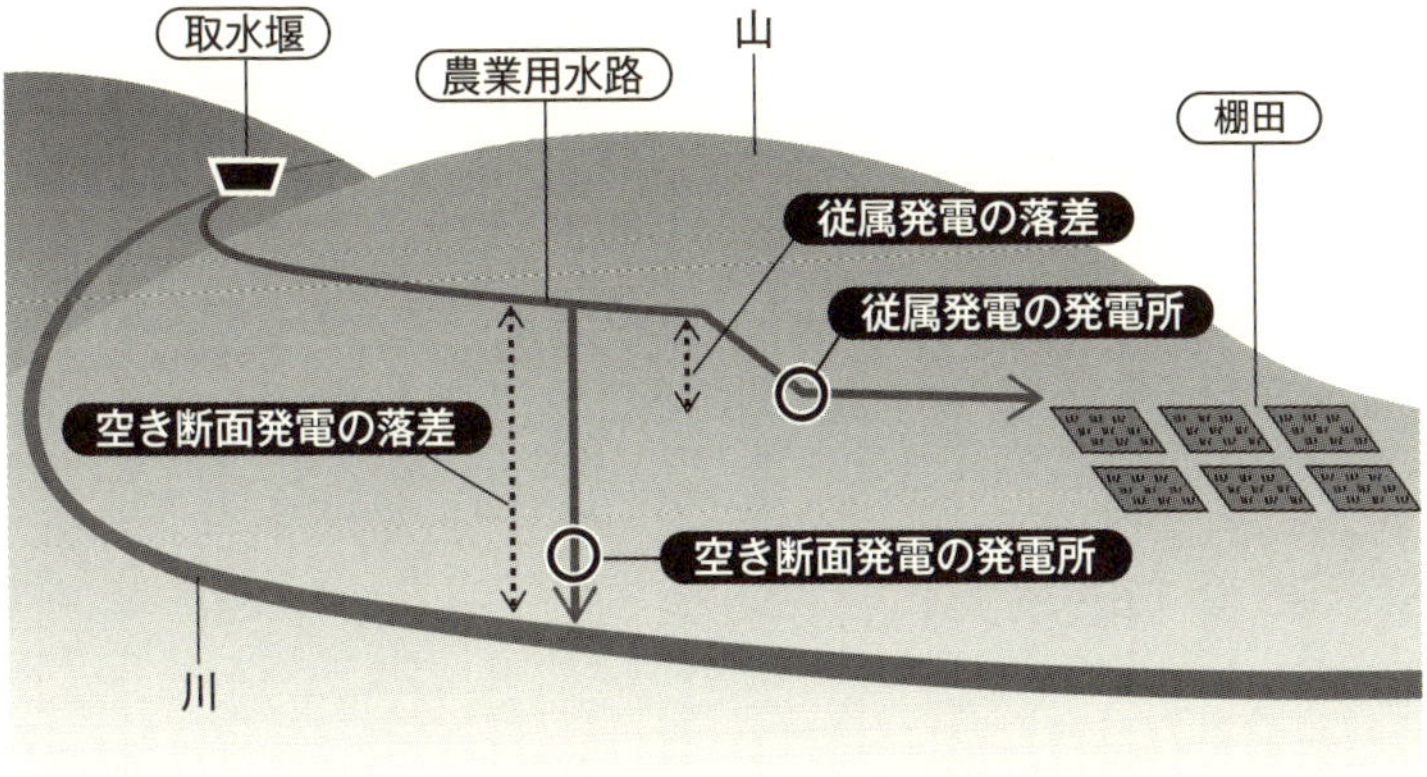

電をしようとする側にとっては、いつも最大量の水を流してくれたほうが、発電量が大きくなるのでありがたいということになります。

水田での必要とは無関係に、水力発電のために、空き断面まで幹線水路に水を流して発電することを「空き断面利用」と呼びます。

農業用水の幹線水路を設計するときは最大水量を想定しますが、春から盛夏までをのぞく長い期間、用水路の断面を見ると水のない面積が多くなっています（53ページ図参照）。この空き断面に水力発電の水を流して発電するわけです。

空き断面を使うメリットはこれだけではありません。第一章でご紹介した農協営発電所を思いだしてください（43ページ・55ページ図参照）。空き断面を流れてきた水は、田んぼに流す必要がありませんから、直接川に戻すことで大きな落差を稼ぐ可能性もあるのです。同じ流量なら、発電出力は落差に比例して大きくなります。

つまり、

「空き断面なんてもったいない。いつも、最大量で幹線水路に水を流してくださいよ」

というわけです。

ところが、事態はそう簡単にはいきません。なぜなら、農業用水路はあくまでも水田のためにつくられた水路であり、その目的のために税金も投入されているからです。

農業用水路、特に幹線水路の整備には多額の補助金が使われています。米は日本人の主な食料であり、水田農業の維持は公共性が高いとされてきたからです。

それゆえ、米づくりに関係ない発電のために空き断面に水を流すことは、少し前まで想定されていなかったのです。

けれど、以下のような事情もあり、政府の対応も変わってきています。

農村では稲作農家が減り、農業用水路の維持に支障が出るような状況になっています。この傾向は当分止まらないでしょう。

なにより深刻なのは、農家が減ることで、残された農家の負担が重くなることです。

例えば、以前なら一〇〇人の稲作農家で維持していた幹線水路を、今では五〇人で維持しなければならないとします。すると、農家一人当たりの管理費用は、単純計算で二倍に膨らむことになります。一部の水田が耕作放棄されたとしても、河川から水を取る取水堰《しゅすいぜき》や、取水堰から水田の近くまで水を引く幹線水路の管理費は下がらないからです。放っておけば、農業用水路を維持する費用を農家が負担しきれなくなるおそれがあります。そして幹線水路を維持できなければ、そこに連なる全ての水田が維持できなくなってしまうのです。

こうした時代の変化の下で、補助金も投入して建設した「水路」に、「農業用水」を流すだけでなく、空き断面に「発電用水」を流すことでより有効に活用し、得られる利益を水路の維持管理に充てれば農業の持続性が高まる――。政府もそのように判断したのだと思います。

これまで書いてきたことは、「空き断面」という言葉を使って説明すれば、簡単に説明できるのですが、この言葉が生まれる前にはなかなか理解していただけなかったものです。農業用水路を通した水が、田んぼに行かず川に直接戻るということが全く発想できなかったのでしょう。

農林水産省が最初にこの言葉を言い出したのは、二〇一三年の終わり頃ではなかったかと思います。私は、今でも講演資料として、農林水産省水資源課が二〇一四年一月に出した「農業水利施設を活用した小水力発電の推進について」という資料を使います（ネットで検索すれば見られます）。空き断面利用の考え方と事例をわかりやすく説明しているからです。

「空き断面」という言葉の登場は、非常に大きな転機でした。

平野の水路を使った発電

ここで「勾配《こうばい》」について少しご説明します。最近、地形の傾き（勾配）を取り上げるテレビ番組もあるので、少しは馴染んできた方もおられるでしょう。

水力発電では、流量が同じなら出力は落差に比例します。

一方、勾配は、同じ長さの水路が生み出す落差を意味します。例えば一〇％勾配なら一〇〇mの水路が一〇mの落差を生み出すのに対して、二％勾配だと同じ長さで二mの落差しか使うことができません。

このことを逆に言えば、一〇mの落差の発電所をつくる際、勾配が一〇％だったら一〇〇m分の水路工事、二％だったら五〇〇m分の水路工事が必要ということになります。

〈水力発電に関する扇状地と山間地の基本条件〉

	山間地の水力発電	扇状地の水力発電
勾配（地形）	急（利点）	緩い（欠点）
河川流量	少ない（欠点）	多い（利点）

そして、工事費は発電所の経済性に直結します。

平野部の場合、当然勾配は緩くなります。日本で水田が発達している平野は、地形的には扇状地に分類されるものが多いのです。そして、扇状地というのは、谷間から出てきた河川が土砂を堆積してつくられる、緩い勾配の平坦地です。上から見ると扇形に広がっているので「扇状地」という名前が付きました。

扇状地では、河川の下流で水の量が多いことから、それほど大きな落差をつくらなくても規模の大きな発電所がつくれます。しかし、勾配が緩いため、山間地と比べるとどうしても水路が長くなる欠点があります。

重要な点なので、一目でわかるように、ここで表を入れておきます。

水力発電というものは、規模の経済性（スケールメリット）が強く作用します。したがって小規模な発電を事業化するためには工夫が必要になります。

そして重要な工夫の一つが「今ある設備を有効に使うこと」で

す。

扇状地は勾配が緩いので、水路工事費がどうしても割高になります。

一方、日本の扇状地のほとんどで水田が広がっています。つまり、農業用水路を活かさない手はないのです。

幸いなことに、近年「合口《ごうぐち》」といって、農業用水の取水口を一本化する工事が進められています。水資源利用や管理運営が効率的に行えるからです。

広大な扇状地でも、昔は地区ごとに取水堰を築き別々に水路を引いていました。それを一つにまとめて、最も上流に大きな取水堰を築き、そこから下流に向けて分配するようにします。

水は上から下に流れますから、一番上でまとめて取水すれば、平野（扇状地）全体に水を配ることができるのです。

このことは同時に、一番落差が稼げるところで取水することを意味します。下流に向かって水を分配する水路を上手に利用することで、従属利用の方式であれ、空き断面の利用であれ、発電事業の可能性が高まるのです。

また、水路規模が大きくなると管理の手間も増え、取水堰もダムのような規模になってくるので専門の技術者が必要になります。水田農家を構成員とする「土地改良区」という団体（土地改良法という法律で定められています）が管理するのが普通で、大規模な土地改良区には常勤職員が何人もいます。

一方、小なりと言えども、水力発電所を経営するためにはそれなりの経営管理能力が必要ですし、条件にもよりますが土木技術者や電気技術者も必要になります。常勤職員を置く土地改良区はそれだけで、組織力の点でも発電事業の担い手としての潜在力を備えていると言えるでしょう。

日本の水田農業を支える水路網。その水路を維持管理して子孫に手渡すために、土地改良区などの農業団体が水路網を有効活用して発電事業を行い、現金収入を得て維持管理費を捻出する……。

ハード（土木設備）の面でもソフト（組織）の面でも、既存インフラを有効活用する賢い方法だと私は思います。

具体的な事例としては、第七章で栃木県の那須野ヶ原《なすのがはら》土地改良区連合の事例をご紹介します（139ページ）。

棚田発電は大きな高低差が有利に働く

一方山間地ではどうでしょうか。

59ページの表に書いたとおり、山間地は河川の上流部なので水の量は多くありませんが、短い距離で大きな落差を生み出すことが可能です。第一章でご紹介した石徹白では、二㎞ほどの農業用水路で約一〇〇ｍの落差を稼ぐことができました。

第七章（137ページ）でご紹介する熊本県の旧清和村《せいわそん》（合併して山都町《やまとちょう》）で最後の村長を務めた兼瀬哲治《かねせてつじ》さんは「棚田発電《たなだ》」を推奨しています。

山間地の斜面に築かれる棚田は、最近は美しい景観で有名になっている地区が増えています。この棚田は、一部には降水（雪・雨）だけを利用した天水田《てんすいでん》もありますが、石徹白のように（43ページ図参照）、何㎞か上流に取水堰を設け、山腹水路で尾根の上まで水を引いて、高低差一〇〇ｍ以上にも及ぶ斜面に築くことが広く行われています。大がかりな土木工事を行うだけの経済力が山間地に備わる必要があるので、大規模なものはおそらくほとんどが江戸後期以降、明治時代頃までにつくられたものだと思います。

そのような棚田の用水路と高低差を活用して発電するのが、棚田発電です。

〈棚田発電に適した景観（徳島県佐那河内村《さなごうちそん》府能《ふのう》地区）〉

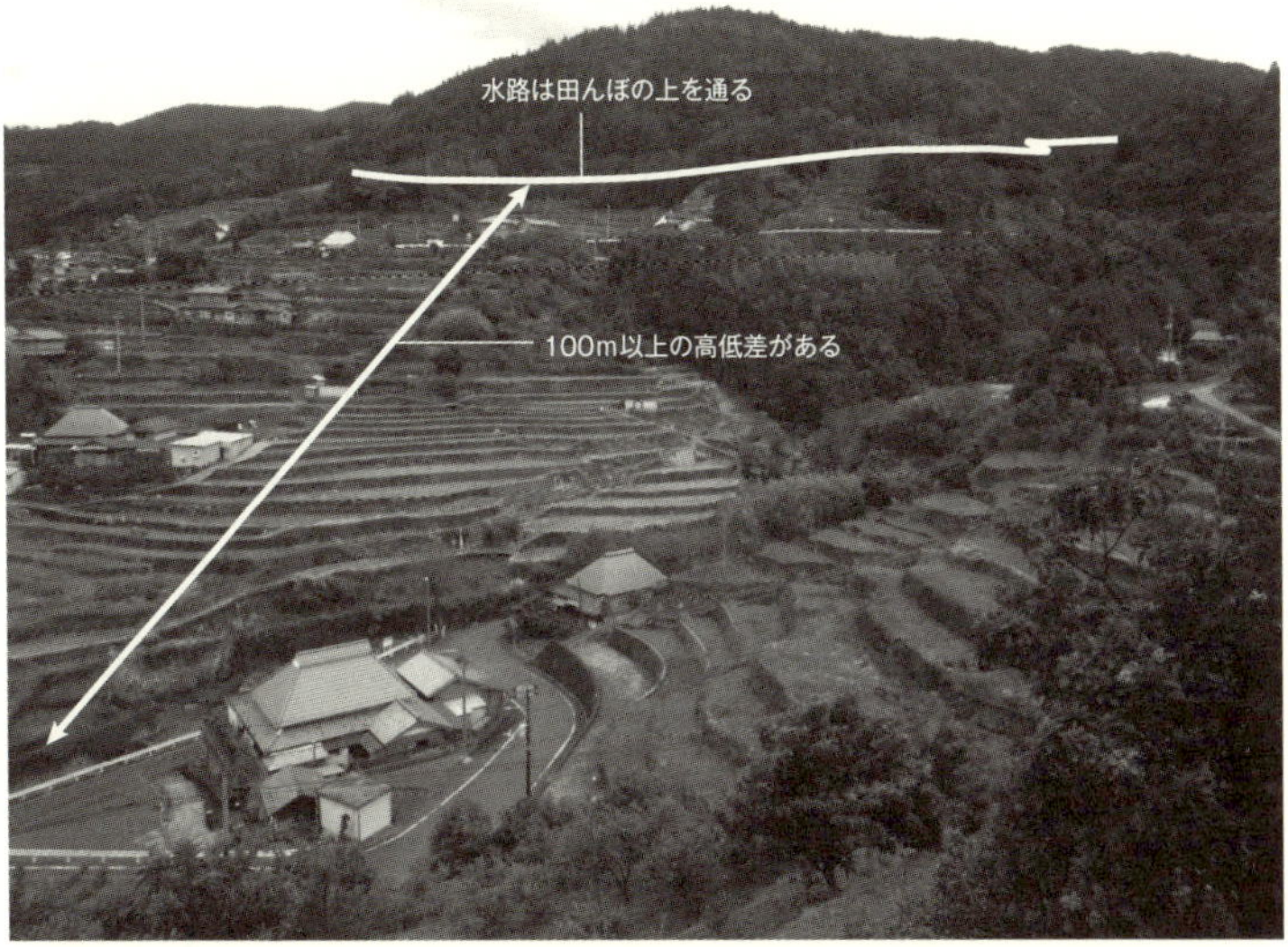

尾根に棚田を築くためには、標高が一番高い水田の上まで、山腹水路で水を引いてこなければならない。高低差 100 m以上あるような棚田が、日本各地で荒れ地に変わりつつある。なお、佐那河内村の事例（写真の地点とは別）は 134 ページでご紹介する。

この棚田発電の場合、扇状地と比べて計画の自由度も高くなります。

勾配が大きく、短い距離で落差が稼げるので、既存の農業用水路をそのまま利用する（工事費を節約する）、という考え方に囚《とら》われず、発電の都合で水路工事をしても、経済的に成立する場合が多いのです。高齢化が進み管理できなくなって廃止された水路を復活することも有意義です。

さらに言えば、農業用水を離れて、純粋に発電所を計画してもいいのです。さすがにそこまでいくと棚田発電と言えるかどうか微妙ですが、かつて棚田を築いてきた山間地に新たな光を当てる小水力発電という意味で「棚田発電」と呼んでかまわないと私は考えています。兼瀬さんもそういう趣旨で活動されています。

日本全体の開発可能性（ポテンシャル）を計算すると、扇状地の農業用水利用よりも山間地のほうが一桁大きなポテンシャルを持っています。

既存水路を活かすにせよ、一から発電水路を引くにせよ、地形（急勾配）と気候（多雨）に恵まれた山間地の棚田発電で、地域を元気にしていきましょう。

第3章

山村の土建会社は小水力発電で生き残れ

アルプス発電の古栃会長

次にご紹介するのは、山村の土木建設会社の経営者が、小水力発電の開発に成功したケースです。ここには、重要なポイントが二つあります。

一つは、小水力発電は、山村の土建会社が生き残る切り札になり得ると実証したことです。そして、もう一つは、早い時期の小水力発電開発だったため、大変な困難を強いられたということです。

この二つに力点を置いてお話を進めていきますが、まず小水力発電と土建会社について述べることにします。

小水力発電には幾つかの特徴があるのですが、その一つとして、地元の土木建築会社と相性が良いという点があります。

都会の人にはピンと来ないかもしれませんが、山村にとって、重機《じゅうき》（建設用大型機械）を持った土建会社はとても重要なのです。

その理由は、後ほど詳しくお話ししますが、ここではまず、山村の土建会社と小水力発電の相性の良さに（たぶん）最初に気づいた人のことをご紹介します。

富山県の東部を流れる早月川《はやつきがわ》流域で、一代で建設会社を起こした古栃《ふるとち》一夫さん（故人）という人がいらっしゃいました。

富山県はもともと水力発電が盛んな土地です。三〇〇〇m級の立山連峰から富山湾までわずか三〇㎞（三万m）、平均で一〇分の一という驚異的な急勾配です。しかも立山に積もった大量の雪が少しずつ解けて、夏になっても豊富な雪解け水を供給してくれます。

前章で扇状地は勾配が緩いと書きましたが、富山県はこのことからもわかるように別格で、古栃建設がある滑川市《なめりかわし》の早月川沿岸土地改良区（一部富山市・魚津市にまたがる）でも、土地改良区の発電所としては最大級、六〇〇〇kWの発電所を運転しています（正確には土地改良区の「子会社」である早月川電力株式会社の運営）。

古栃さんはその役員の経験があり、水力発電がビジネスになることに早くから目をつけていました。そして水力発電について勉強を重ねるうち、

「建設業者は水力発電と相性がいい」

と気づきます。

まず、水力発電では、建設業の得意な分野をいろいろと活かせる面があります。

もちろん工事は自分たちでできますし、発電所のメンテナンスも建設業のノウハウを使うことができます。もし、災害があった場合にもすぐに自分たちで復旧することができる

など、いろいろと建設業には、水力発電と相性のいい面があることに気づいたわけです。

また、安定収入があることも重要です。建設業は大きな仕事を取る可能性がある反面、仕事を取れないこともあり、どうしても売り上げに波があります。しかし、社員には一定の給料を払い続けなければなりません。重機のリース料など、固定費はほかにもあります。

「俺が水力発電を成功させたら、日本中の土建屋が真似するよ」

と、古栃さんはよく言っていたものです。

資料を集めて検討を重ねた結果、県内各地で開発可能性を見つけることができ、第一号として、生まれ故郷の川向かい、魚津市虎谷を流れる早月川の支流、小早月川に目をつけます。

そして二〇〇五年に株式会社アルプス発電という事業会社を設立しました。

山村には土建屋さんが必要な理由

山間地では、けっこうな山奥の村にも地場の建設会社、いわゆる土建屋さんがいます。これにはそれなりのわけがあります。

山村では、外の世界と通じる交通路が限られます。山を縫うように走る道路が唯一のアクセスルートという地区も少なくありません。その道路を通って、山村へと食料が届けられ、衣料が届けられ、ガソリンや灯油が届けられますし、村の人々が外の街に働きに出たり、学校や病院へ通います。最近よく聞くライフライン（生命線）が限られるのです。ところが、その生命線が通行止めになる事態が頻繁に起こります。大雨が降って土砂崩れが起こる、冬の大雪で道路が塞《ふさ》がれる、台風で斜面の木が道の上に倒れる……。こうしたことが珍しくありません。

下界に通じる唯一の道路が塞がれると大変ですから、一刻も早く復旧しなければなりません。そうしないと、生活必要物資が届かなくなりますし、病人の搬送もできません。長く孤立状態が続けば、その間の仕事も休むことになり、生計に支障をきたします。

そんなとき、道路を復旧するのが、地元の土建屋さんです。

もちろん発注するのは、道路を管理する市町村や都道府県です。けれど、重要であり緊急性もある復旧工事だからといって、予算がふんだんにあるわけではありません。予算を使い切った後に、もう一回大雨や豪雪が来ることもあります。

他所《よそ》に頼むことができず、どうしても地元の土建屋さんが安値で引き受けるしかないことがあるでしょう。

そういうときには、翌年、翌々年の公共工事が優先的に回ってくる……。そういったことでもないと、安値の復旧工事ばかりでは経営が立ちゆきません。

私は何も「官製談合」を推奨しているわけではありません。しかし、山間地の土建屋さんに安定収入をもたらす仕組みをつくらないと、いずれ廃業せざるを得なくなり、災害時の復旧がままならなくなるおそれがある。これを何とかしないといけないのです。

古栃さんが安定収入を期待して水力発電事業に参入した背景には、こういう社会的課題があります。行政に依存するのではなく新たなビジネスをおこす――。まさに慧眼と言えるでしょう。

土建会社が水力事業と相性が良い三つの理由

小水力発電は、地元の土建屋さんと相性が良い――。

そのポイントは三つあります。

一つ目は、小水力発電所の建設は、半分から七割方が土木工事だという点です。水力発電所には、川から取水するための堰《せき》がまず必要です。次に川から引きだした水を発電所まで導く水路。小水力と言っても一キロ、二キロ、あるいはそれ以上の長さになることもあります。水路の途中には、土砂を除くための沈砂池《ちんさち》や、発電制御に必要な水槽もつくらなければなりません。

そして発電所の基礎工事も重要です。パイプと水車で不等沈下が起きるとパイプが割れ、最悪の場合破裂して大きな事故になることがあります。基礎はしっかり打たなければなりません。

ここまでの土木工事が完成して、ようやく発電機を設置することができるのです。取水堰《しゅすいぜき》を発電所の見学というと、発電所建屋の中しか見ないことがしばしばあります。取水堰を見る場合でも、途中は車で移動することが多いでしょう。

もし、読者の皆さんが水力発電所を見学する機会があったら、できれば発電所から取水口まで、全区間を歩いてみてください。土木工事がどれほど大切かが、わかると思います。山中を縫うように水路を引くとき、災害を受けにくいよう工夫し、しかもコストを抑えた工事ができるのが、地元の土建屋さんなのです。

二つ目に、水力発電では、災害復旧が非常に重要だという点が挙げられます。

小水力発電所の経営計画立案の仕事で、災害リスクの計算をしていて気づいたのですが、復旧工事に必要な費用よりも、工事期間中の運転停止による逸失利益（機会損失）のほうが大きくなるケースが多いのです。

つまり災害を受けたら、一刻も早い復旧が望まれるわけで、地元の土建屋さんが当事者なら急いで復旧することでしょう。

三つ目は、小水力発電計画実現のカギとなるのは、経営感覚のあるリーダーの有無である点です。小水力発電に長年関わってきて、つくづく感じるのは、計画を推進するリーダーが最も重要だということです。

小規模と言っても、売電事業で収益を上げるには少なくとも一〇〇kW以上の規模、できれば二〇〇kW近い規模が普通は必要です。建設費で言うと最低でも二億円程度になります。出資者を募り、金融機関と融資交渉をしてそれだけの資金を用意しなければなりません。また、初期の調査から始まって事業性評価をし、多岐にわたる行政手続きや電力会社との交渉を行い、土木コンサルタントを選んで設計を発注し、水車メーカーを決め、土木工事・電気工事を発注することになります。これにだいたい四～五年程度かかります。「やりきるんだ」という強い意志を持ち、経営感覚のあるリーダーが先頭に立たなければ事業化は難しいのです。

これが、二〇一二年に固定価格買取制度（ＦＩＴ制度）が始まって以来、各地で地域主導の発電事業を起こそうという動きを応援してきた私の結論です。

そういった意味でも、土建屋さんのオーナー社長には一定の力量が期待できます。経営者として事業感覚は鍛えられていますし、リーダーシップもあります。地元の有力企業でもあるでしょうから、地域をまとめるにも有利です。

このように、小水力発電と山村の土建屋さんとは相性が良いのです。

山村社会を維持するには地元の土建屋さんが必要で、その土建屋さんの苦境を山村の資源を活かした小水力発電が救う――。

古栃さんは、本当に良いところに目をつけたと思います。

お役所による地元建設業者への圧迫

ところが、現実は厳しかった。

古栃さんがアルプス発電を設立した二〇〇五年頃、小水力発電をやろうとすると、まだハードルが非常に高かったのです。この年は、私の肩書きとなっている（ボランティアの理事・事務局長ですが）全国小水力利用推進協議会を設立した年で、あの頃のことはよく覚えています。

何しろ、お役所の規制が厳しかった。資金が数億円レベルの発電所計画なのに、東京電力や関西電力の数百億円もかかるような発電所計画と同じ準備をしろという時代だったのです。発電の専門業者でもない古栃さんにできるわけがないし、また、一〇〇〇kW程度の発電所なのに一〇万kWレベルの発電所のような精密な計画は必要ありません。

そもそもの問題は、電力会社以外の、言ってしまえば一民間企業経営者が河川の水を使って水力発電所をつくるということが、制度的に想定されていなかったところにあったと思います。そのため、誰であろうと「発電所をつくりたい」と考えて申請すると、電力会社に要求するのと同じレベルのことを役所が求めてきたわけです。

お役所にはそんなつもりはないのでしょうが、無茶な要求をされた古栃さんから見れば、ほとんど「いじめ」のようなものでした。

経済産業省は、当時から再生可能エネルギーを推進してはいたのですが、発電所の建設を規制するところは部が違いますし、河川行政を担う国交省は別の役所です。

苦労して一つの書類をクリアしても、また次の壁が現れるという繰り返しでした。

幅五mの渓流で「多摩川と同じ大水害が起きないと証明しろ」

昔のお役所の要求がいかに無茶だったか、古栃さんではなく私の経験した実例についてお話ししましょう。

私がまだ二〇代の頃、静岡県藤枝市に市民団体がつくった「水車むら」という施設の活動に参加していました（170ページ）。当初から木製水車を使ったごく小規模な発電を行っていたのですが、あらたに別の発電機を設置しようと考え、河川を管理する県庁に行ったのです。

現場は、幅が五ｍほどの小さな渓流で、そこにある幅一〇ｍほどの堰堤《えんてい》を利用して取水しようと考えていました。そうしたら県庁の担当者にこう言われたのです。

「君、そんな簡単そうに言うけれど、川で工事して取水するということは大変な責任が伴うんですよ。ほら、多摩川で大水害があったでしょう。県が許可するには、君の工事であいうことが起こらないと、まず証明してもらわなくてはならないんですよ」

多摩川の大水害というのは、一九七四年の話ですが、ご存じの方もおられるでしょう。東京都と神奈川県の境を流れる多摩川の堤防が増水で決壊し、流域の住宅地を大規模な洪水が襲ったという出来事です。確か『岸辺のアルバム』というドラマでも扱われたはずで、とても有名な大災害でした。

あの水害の当時、私は東京の中学生でしたから、どれほど大変な出来事だったのか、印象に残っています。けれど、いや、だからこそ、

（谷底の幅五ｍの渓流で、多摩川と同じような洪水と言われても、どう考えたらいいのだろう……）

というのが正直な気持ちでした。そもそも、大水害が起こらないことをどうやれば証明できるのか、見当がつきません。

かつて水力発電を計画すると、こういう書類づくりを求められていたのです。

誰も船を使っていない川で「船に迷惑をかけないことを証明しろ」

もう一つ、かつてのお役所が要求した難しい書類づくりの例を紹介します。

ある農業用水路で地元の方が小水力発電を計画し、県庁に許可を取りに行ったときのことです。

川（この場合、農業用水の取水元の川）の水を利用するためには、それによって人に迷惑がかからないことを証明しなければなりません。

そして、川の利用の中に、船の通行というものがあります。そこで県庁から、船の通行に迷惑がかからないことを書類で証明しろと要求されました。

ところが、その川では誰も船など使っていません。使っている人がいない以上、船に迷惑がかかるわけがないのです。けれど、

「誰も船を使わないと証明する文書がなければ許可できません」

と言われてしまったのです。

川を使う人に迷惑をかけてはいけないという一般論は、もちろん正しい。日本全国を見れば川に船が通行することはあり得るのですから、その川には船が通らないということを証明しろと言うのも正しい。ここまでは筋が通っていると思います。

けれど、どうやれば「誰も船を使わない」ことの証明になるのか、その基準がないので、証明しようとすると頭を抱えることになるわけです。

船が通るわけのない川に、本当に船が通らないことを証明する基準。

これさえあれば、どんなに難しい証明手続きだって何とかなります。けれど、前例のない申請の場合には具体的な基準がない。役所のほうで基準を決めてくれないと、何をすればいいのか困るわけです。

もちろん規制の中には、不合理な規制、不合理な基準も存在します。全国小水力利用推進協議会では、そういう規制の改善要望を今でも続けています。

しかしその一方で、「これこれを証明する書類を出せ（だけど判断する基準はない）」という、何ともつかみ所のない壁が立ちはだかっていたのが当時の状況でした。

古栃さんは、こうした無茶な要求を何度繰り返されても諦《あきら》めませんでした。強烈なストレスに耐えながら、お役所の壁を必死に一つ一つクリアして、環境省の補助金を使えるめ

〈発電所に建てられた古栃さんの銅像〉

2010年5月10日逝去。志はご子息によって引き継がれている。

どが立ち、ようやく計画が「いける」という段階になりました。

それなのに、身体を壊して倒れてしまったのです。耐えがたいストレスも大きな原因だったと私は考えています。二〇一〇年五月、水力発電所の完成前に亡くなりました。

二〇一二年四月、古栃さんの設立したアルプス発電が完成させた小早月発電所は本格運転を始めます。

そして現在、建設会社は長男が、水力発電事業は次男が継ぎ、事業は順調にいっています。

古栃さんが考えたとおり、水力発電事業は建設会社と相性が良いことが実証されたわけです。

〈小早月発電所開所式〉

2012 年 5 月 22 日。古栃さんには生きてこの日を迎えてほしかった……。

国土交通省の向きが一八〇度変わった

古栃さんが寿命を縮めるほどのストレスを味わったように、少し前まで、電力会社ではない会社や個人が小水力発電事業を始めようとすると、役所から次々と難題が降りかかってきて、ほとんどいじめのようになっていました。

けれど、こうした状況は、今は大きく改善されました。特に河川法を管轄する国土交通省の対応が一八〇度変わったという印象を強く持っています。

かつて、河川手続きを行う場合、審査する役所は「書類を持ってきたら審査しましょう」とは言うものの、どういう条件をクリアするためにどのような書類を揃えればいいか、判然としない部分が多かったのです。

内情を聞くと、役所のほうでも困っていたようです。だって、どういう書類を出させてどこをチェックすればいいか、役人もよくわかっていなかったのですから。

これは、規制が厳しいということとは違います。

それが、二〇一〇年頃を境に大きく変わりました。どうすれば法令が求める条件をクリアすることができるか、一緒に考えてくれるようになったのです。

〈国交省内の案内板〉

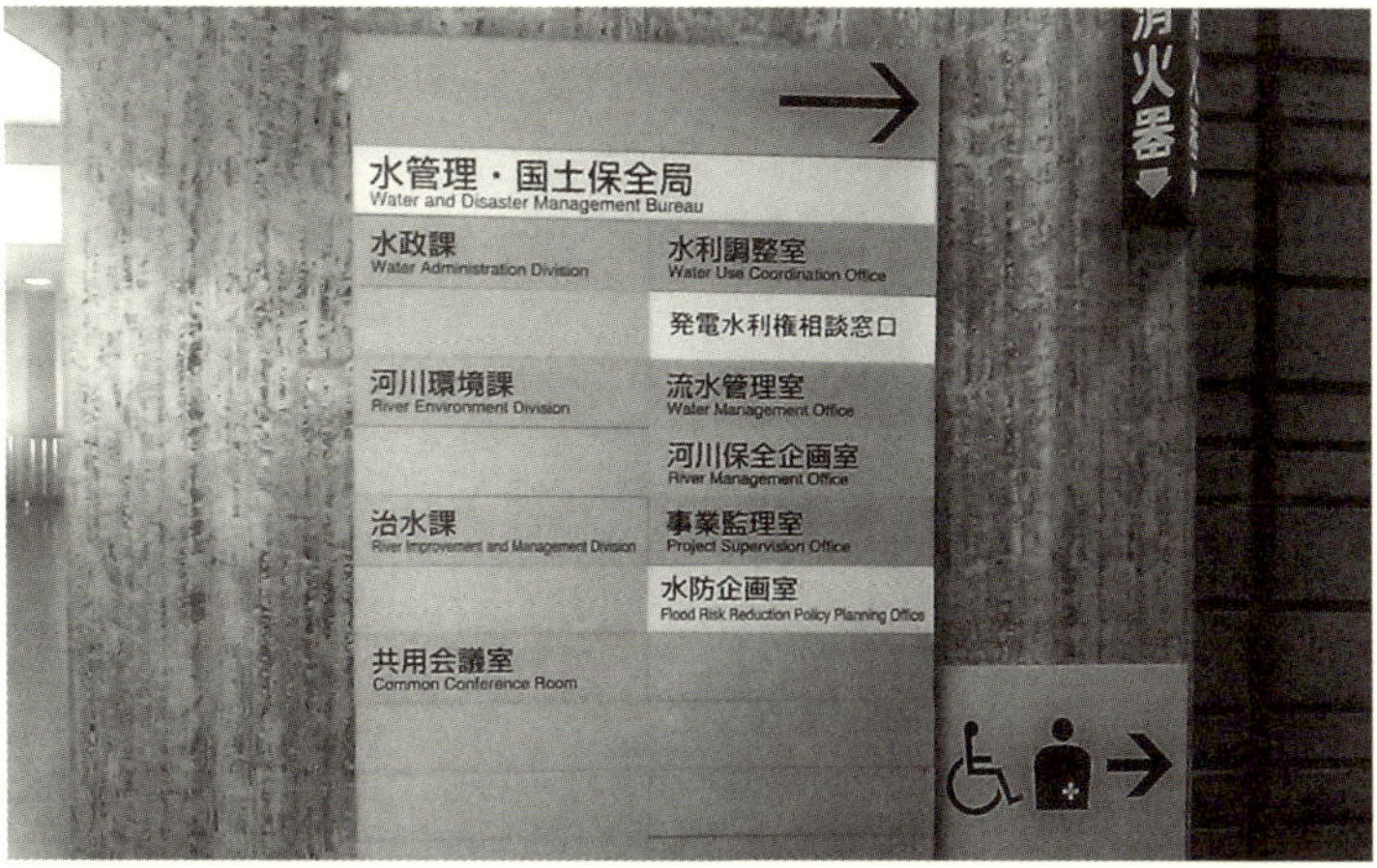

国土交通省１階の案内板。「発電水利権相談窓口」と書かれている（2012年６月撮影）。

机の向こうでこちらが出す書類を待つだけなのか、それとも、可能な限り条件を明確化し、問題解決の助言をくれるのか、という違い……。「一八〇度」と書いたのはそういう意味です。

かつての国土交通省「河川局」が「水管理・国土保全局」に編成替えになった頃、省内の案内板に「発電水利権相談窓口」の文字を発見したとき、感激のあまり写真を撮ってしまいました。

お役所というところは、よく言われるように規制を盾にして変化に積極的に抵抗していることはあまりなく、前例を自分からはなかなか変えようとしないことが多いのだと思います。

小水力発電の知名度がまだ低かった

二〇〇五年に協議会を立ち上げてから、私たちが何度も足を運び、具体的で現実的な話を続けているうち、信用してくれるようになったのだと思います。お役人も「抵抗勢力」などと呼ばれるのは嫌でしょう。

実際、私たちの言っていることを「もっともだ」と思ってくれてから後は、話が早かったと感じています。どんどんと、小水力発電事業がやりやすい方向に変わっていきました。今、小水力発電をやろうとしている人たちには、かつて古枥さんが悩まされたようなストレスはずいぶん少なくなりました。先駆者たちが藪《やぶ》の中に少しずつ道をつけ、その道を広げていったからなのです。

古枥さんの苦労が実った今、経営の行く末で悩んでいる土建屋さんには、ぜひ小水力発電事業に参入してもらいたいものです。それは山村の存続にもきっとプラスとなることでしょう。

第4章

実現する意志と川への理解があれば規制の壁は越えられる

高い壁はなくなった

小水力発電所をつくる話をすると、よくこう言われます。

「でも、規制の高い壁があるんでしょう」

確かに以前は、国の規制が大きな壁になっていました。しかし前章に書いたように状況は変わりました。

それでも、今なお、規制はたくさんあります。一つの規制をクリアするのに厚さ数㎝もの書類が必要な場合もあるでしょう。そんな書類をいくつもいくつも用意しなければなりませんから、決して楽になったわけではないとも言えるでしょう。

それでも私は、「高いハードルはなくなり、低いハードルが多数あると思ってください」と説明するようにしています。

河川の水を使うというのは、そんなに簡単なことではありません。

前章で、私自身の経験として、谷川を利用するのに、多摩川の大洪水の例を持ち出された話を書きました。しかし実際に谷川で、一回の大雨で川床が一m以上も上がって驚いた経験もしています。もちろん多摩川とは違いますが、谷川には谷川の怖さがあるのです。

また前章に、船舶が航行しないことを証明させられた話も書きました。「役所はばかばかしい規制をかける」と笑った方も多いと思います。私自身、その話を聞いたときは苦笑したものです。

けれど考えてみれば、カヌーやラフティングだって船舶の航行です。役所が許可を出す以上、何らかの配慮は必要なのです。

つまり、災害の原因にならないことも証明すること自体は必要なのです。

また、すでに正当に河川を利用している人に影響を与えないことを証明するか、影響する場合は同意書を取ってくることも、やはり必要なのです。

最近では、一定水準の環境・生態系が保全されることも重視されるようになりました。

そもそも、川をお金で買うことはできません。

よく「水利権」という言葉が使われますが、この権利は河川管理者が水利使用を許可することで成立します。

小水力発電で言えば、「河川のこの地点で、これこれの量の水を取水し、水路を通して発電所まで導き、水車を回して発電し、終わった水をこの地点で川に戻す」という行為に限定して、管理者（所有者ではない）である国土交通大臣や県知事が許可していることを「発電水利権」と呼んでいるだけなのです。

川という公共物は多様な形で社会と結びついており、災害に関わることも多いのです。規制の考え方それ自体はやむを得ないものばかりと言っていいでしょう。小水力発電をやる以上、クリアしなければならない条件なのです。

川という公共物を使うからには地元の同意が不可欠

例えば、誰かが、地元の川に持ち上がった小水力発電所の建設計画が気に入らず、反対運動をするとします。

もし、その人が本気なら、こんな理屈で河川管理者（役所）に訴え、場合によっては裁判を起こして戦うことができます。

「私は子どもの頃からこの川で泳いできた。息子が小学生になったし、やはりこの川で泳ぎを教えるつもりだ。発電所ができて水位が下がったら泳げなくなる。だから発電所は、私と息子が川で泳ぐ権利を侵害している」

川で泳ぐことであっても、権利として一定の力を持つわけです。もちろん、正式に許可を受けた用水路利用などと比べれば、弱い力しか持ちませんが。

あなたがもし水力発電所を計画するのであれば、川の流域に住んでいる人は誰でも、そ

〈郡上市の吉田川〉

岐阜県郡上市《ぐじょうし》は、市内を流れる吉田川に子どもたちが“度胸試し”で橋から飛び込むので有名だ。来訪者の死亡事故が発生しているようなので禁止してもおかしくないが、写真のように「不慣れな方」に「自粛」を求めるだけなのは、規制する大人の多くが子ども時代に自分も挑戦したからであろう。豊富な水量があって初めて成立するこのような川遊びも、地域住民の立派な権利である。

の計画に反対する権利を持っていると考えるべきです。

もう少しマイルドに、水力発電所を計画する人は地域の人々と仲良くしなければならない、と言ったほうがいいかもしれません。

地域住民の皆さんが笑顔で祝福してくれる。それが小水力発電のあるべき姿だと考えていただきたいのです。

制度を壁だと思うのではなく、正しい方法でそれを乗り越える意志こそ大切です。その意志と、地域社会への理解がない人には、水力発電は始められないと思うのです。

「プロセスデザインが重要」と強調する理由

地域主導で小水力開発を進めるためには、地域の人々が本気になって力を合わせることが必要です。

そして、それにはまず、「自分たちの地域に小水力発電事業ができる、可能だ」と信じなければなりません。

小水力のポテンシャルがあるのなら、可能性くらい信じるのは当たり前だと思う人もいるでしょう。

けれど、山間地に住む人々にとって、これを信じることは決して当たり前のことではありません。なぜなら、

「発電事業は電力会社のやること」

というのが、地域の人々にとっては常識的な感覚だからです。

「電気をつくるなんてとても大がかりな事業に違いない。そんなことは、東京電力とか関西電力といった大きな電力会社のすることだ。自分たちの村には何にも関係のないことだ」

そう思っているわけです。

ですから、水力発電を自分たちが事業主体になってやることは可能であり、それによって得られる利益を自分たちの地域に還元し、地域を活性化するのに使うことができるのだと、信じることができるようになるまでに、相当な労力と時間が必要になります。

第一章で取り上げた石徹白《いとしろ》の例で言えば、二〇〇七年に平野さんたちが活動を始めてから地域の皆さんが発電事業に本気になるまで、五年くらいはかかったでしょうか。それくらいの時間をかけて、皆さんが理解するまで粘り強く取り組みを進めることで、ようやく小水力発電計画に不可欠な協力が得られるようになります。

この協力体制は非常にデリケートなものです。地域の人々の足並みが乱れれば、行き詰まってしまうこともあります。そのような足並みの乱れは、外から来た人々の少々乱暴な行動で起こることもあります。

ですから、小水力発電については、開発の内容もさることながら、その進め方が実現性を大きく左右するのです。

私はこのことを「プロセスデザインが大切」という言い方で説明しています。

五年待ってくれる事業者はいない

地域住民が集まるだけでは、なかなか発電事業はできません。事業には経営感覚のあるリーダーが必要です。そのリーダーは地域内の人々には必ずしも務まらないかもしれないのです。

そこで、地域外の民間企業などに、事業を推進してもらおうと考えることがあります。確かに民間企業ならば経営感覚がありますし、事業計画の経験も豊富でしょう。けれど、通常のビジネス感覚だけでは、小水力に参入するのは難しいのです。

先ほど、小水力発電には地域の協力が必要で、石徹白では理解を深めるために五年くらいの準備期間が必要だったと書きました。

けれど、一般の民間企業では、事業のために五年も待つことはできません。時間がかかればかかるほど経費が膨らみますし、ライバルに先を越されるのではないかという心配も起こってきます。民間企業のペースだと、どうしても、早く早くと事業をせっかちに考えがちになるのです。

事業を少しでもスピードアップさせるために無理をすると、地域の協力体制に亀裂が入り、全てが水の泡になってしまうことも珍しくありません。

例えば、地域の協力と言ったところで、地域の中には、水力発電との関わりが強い人とそうでもない人とがいます。

川に既得権のある人、開発予定地の地権者などは権利が保証されていて、事業を進めるためにはこうした人の同意がないと法的にも実行は不可能です。

他方、直接の権利を持っていない人々に対しては、法的には同意を求める必要がありません。

そこで、少しでも早く事業を進めようとして、権利を持つ関係者に補償金などの約束をし、同意を取り付けて計画を前進させようとすることもあります。

すると、たちまち地域の協力関係に亀裂が入るのです。

「なんだ、あいつらばかり金をもらって……。俺には一円にもならないんだから、あんな発電所なんか知ったことじゃない」

こうした不協和音が起こります。

こうしたことのないよう、事業計画においては、地域全体の協力体制を慎重につくり上げていく努力が必要なのです。

しかし、「よそ者」はその辺の事情をわかっていないことがあるのです。外から入ってくる企業には、事業を推進する経験や能力はあるものの、地域の事情を理解していないために、やってはならないことをわきまえていない場合があるのです。

これでは、いくら権利者の同意を取り付けたとしても、地域の不協和音から建設がストップすることにもなりかねません。

計画段階から、地域全体への目配りが欠かせないのです。

第5章

ガラス張りの発電所計画

経営者をどこから「調達」するか

次にご紹介するのは、発電所の成功例というより、地域で計画を進めるやり方に関する画期的な試みというほうがいいでしょう。まさにプロセスデザインの好例です。

これは現在、熊本県小水力利用推進協議会（私が理事・事務局長を務める全国小水力利用推進協議会と連携している地域団体です）が、熊本県の支援を得て進めている計画推進の手法です。

県単位の推進方策としてよくできていると思うので、この熊本方式の応用が、ほかの県にも広がったらいいな、と考えています。

地域主導の小水力発電を事業として成功させるためには経営者がカギだというのが、これまでの経験で得た私の考えです。最低でも二〜三億円以上の投資が必要ですし、第四章に書いたとおり手続きも簡単ではない、また、計画・設計・施工プロセスで多業種にわたる企業への発注が必要ということで、どうしても全体を統括し、必要なときに必要な決断を下す経営者が必要なのです。

地域主導を目指す以上、できれば地域の中から経営者が出てくるのが理想です。

私が関わった事例で言うと、奈良県東吉野村《ひがしよしのむら》「つくばね発電所」がそれにあたると思います。

また、第三章でご紹介した古枥《ふるとち》さんのケースもこれに近いと思います。故郷を離れたと言っても隣接する市内に本社を構えています。第二号発電所以降、最大二〇発電所を目標にしていましたが、富山県を離れることまでは考えていませんでした。

このように地元から経営者が出てくるのが確かに理想なのですが、そのような人材が出てくるケースは少数だと思います。

さらに言うと、私たちのように外部から支援する立場からは、手の打ちようがない、出てくるのを待つしかない、ということでもあります。

したがって、地域内からそのような方が出てくれば最大限尊重し応援するけれど、そうでない地域では何か方策を考える必要があるのです。

一方、第一章でご紹介した平野さんは、言わば「Ｉターンモデル」とでも呼べるでしょう。経営能力を持つ外部の方が、本気でその地域に関わるため移住し、地域内の人間として経営力を発揮するモデルです。

他の事例として、例えば第七章で紹介する長野県栄村《さかえむら》では、東京で事業活動を行い、リタイアするつもりで村にＩターンした方が、村の現状を見かねて地域振興のために起業し、事業の一環として小水力発電の実現に取り組んでいます（141ページ）。

とは言え、地域で丁寧に事業を組み立てるのには多くの時間と労力を要しますし、Iターンで入ってきてくれる人材が常にいるとは限りません。いや、これもいないほうが普通でしょう。

そのような場合、小水力発電事業を展開する外部企業に、経営権を渡してしまうのが現実的と言えます。できる限り地域を尊重し、利益還元を考えてくれる小水力発電事業者もあるように思います。

でも、経営権を最初から外部に投げてしまうのは、地域づくりの努力が足りないのではないかというご意見もあるでしょう。

そういった課題を解決する一つのモデルが、これからご紹介する熊本県小水力利用推進協議会の取り組みなのです。

第一号となった南阿蘇村の計画

「熊本県小水力発電研究会」が最初の会議を開いたのは、国会で固定価格買取制度（FIT法）が議論されていた、二〇一一年七月のことでした。同年三月に東京電力福島第一原子力発電所が大事故を起こし、再生可能エネルギーへの期待が非常に高まっていた時期です。

この研究会は熊本県の委託事業で、事務局を担った熊本県小水力利用推進協議会が、小水力発電に関心を持つ県内企業や企業家に声をかけ（県外者に対してもオープンです）、五〇～六〇社（地域団体や個人を含む）が集まり、県内での小水力発電普及に向けた活動を開始します。

特に重要だったのは、可能性調査から事業化まで、公開の下で一貫して進めたプロセスです。県の支援を受けていることもあり、密室で進めることはできません。

県内各地の候補地点選びは、県が市町村に働きかけた行政ネットワークと、事務局や集まった会員のネットワークを利用して行われ、初年度に三〇ヶ所以上の地点が浮かび上がりました。

事務局がその情報から特に有望な五地点に絞り込み、第二回研究会の場で議論して、最初の対象地点を選びます。

それが南阿蘇村久木野《くぎの》地区の農業用水流末《りゅうまつ》でした。流末というのは、水田に配水した後残った水を河川に戻す地点のことです。

研究会メンバーに地元関係者がいたこともあって、用水を管理する久木野土地改良区や南阿蘇村長に快く受け止めていただき、会員有志による現地視察を経て、二〇一二年三月に、実現に向けた進め方を提示し、出資者を募りました。

そしてその直後に政府の委員会で、ＦＩＴ法にもとづく買い取り単価が、二〇〇kW未満の水力については一kW時あたり三四円に決定し、いよいよ事業化に向けて動き出します。

二〇一二年度も、引き続き同様の研究会活動を行うのと並行して、出資一〇社がコンソーシアムを構成して基本設計と事業計画策定を行いました。

研究会自体はオープンに進めていますが、事業計画の詳細はさすがに出資者だけの企業秘密です。それでも、概要はその都度研究会に報告しながら、事業化プロセスが進められます。

電力系統の接続問題

二〇一三年六月には行政手続きのめども立ち、銀行融資交渉も先が見えてきたことから、九州電力に系統接続契約を申し込みました。系統接続というのは、発電した電気を送電するため、電力会社が管理する送配電線に発電所の電力線を接続することです。売電事業を行うためにはこれが必須です。

ところが、それまでの問い合わせには「接続できます」と言っていた九州電力から、突如「接続できなくなりました」との回答が返ってきました。一同大変なショックです。

阿蘇周辺には太陽光発電の適地が多く、ＦＩＴ法成立を受けて多数の発電所が計画、建設されるようになりました。小水力発電は計画から設計までにどうしても時間を要するため、南阿蘇の計画はかなり早く着手したのですが、それでも出遅れました。多くの太陽光発電所から接続の申し込みが入り、阿蘇周辺に電力を送る送電線の容量オーバーになってしまったのです。

この問題は、その後九州全域に波及しました。翌年秋には、音を上げた九州電力が実質的に接続不可能とも言える状況を公表して、「九電ショック」と呼ばれる事態となります。厳密に言うと、送電線の熱容量問題と、電力会社の調整力問題を分ける必要があるのですが、本書では詳述しません。

さらに九電にとどまることなく、送電線の容量問題は全国に広がって、現在に至っています。とりあえず現時点では多くの地域で、電力系統に接続できない状況になり、小水力発電の普及に大きなマイナスとなっています。

南阿蘇の計画も、それ以来、九電との間で様々なやり取りを行い、あるいは政府ほか関係方面に要望を重ねつつも、ストップしたままの状態です（二〇一七年末現在）。

系統問題は、小水力発電に限らず日本での再生可能エネルギーの普及拡大にとって大変重要なテーマです。しかし、本書のテーマを逸脱する上、日々状況が変化している問題でもありますので、ここでは詳述を避けます。

私の予想では、二〇一八年度には新しいルールが定められ、南阿蘇を含めてストップしている小水力発電計画のかなりのものが、接続可能になると期待しています。といっても、これはあくまで私の予想にすぎません。関心をお持ちの方はエネルギー関係の新聞・雑誌やインターネットで直近の情報を集めるようにしてください。

ここでは、熊本モデルのその後について話を進めることにします。

発電所計画をオープンに

さて、系統制約が原因で南阿蘇の計画はストップしましたが、研究会メンバーの多くは、いずれ系統接続が再開されるだろうと予想して、活動を続けます。

研究会は、当初二年間は熊本県の委託事業として行われましたが、その後は熊本県小水力利用推進協議会の活動として、県の協力を受けつつ継続しています。

同協議会の、二〇一七年七月の総会で報告された活動状況を103ページの表に示します。

この表を見て驚いた方も少なくないと思います。企業名こそ伏字になっていますが（先に紹介した南阿蘇ほか、公開可能な企業名は出ています）、事業実施地区名や進行状況がオープンになっているからです。

この進め方は、これまでの発電所計画の常識からすると、型破りと言っていいでしょう。あらかじめ一言お断りしておくと、この枠組みは、複数の事業者が対等の立場で事業参画し、ＳＰＣ（特別目的会社）を共同で設立して事業化することを想定してつくられています。

さて、普通、発電所計画を進めるときは、情報をなるべく外へ漏らさないようにするのが常識です。なぜなら、再生可能エネルギー分野への参入を狙う企業は多数あり、激しい競争が繰り広げられているからです。

自分たちの発電所計画が漏れれば、どこの誰が妨害したり自分たちの有利になるように画策したりするかわかりません。ですから、計画は秘密裏に進めるのが常識です。

もし、情報がよその企業に漏れるとどうなるのか。かつて風力発電事業の世界で聞いた話をご紹介します。

それは一九九〇年代のことでした。当時は、風力発電所の計画段階で二年間の風況測定を行って、その実測データをもとに発電見込みを立て、事業に着手していました。

さて、ある地域で風況測定を実施していた会社がありました。高さ二〇ｍから三〇ｍのポールを立てて風速を測るのですが、このポールは遠くからでもよく見えます。たまたま付近を通りかかった同業者が、そのポールに気づいて、

「どこかの会社が風況測定をしているな。ということは、有望な土地だということだ」と考えました。そして、周辺の土地を買い占めてしまったというのです。

測定していた会社はそんなことは知りませんから、予定どおりに二年間の実測が終わったところで事業計画を作成し、「さあ、いよいよ発電所を建てるぞ」という段階になったところで、ライバル社が土地を買い占めてしまったことに気づきましたが、もう遅かった……。まんまと、ライバル社に先を越されてしまったというわけです。

これほど極端な例はさすがに稀だと思いますが、開発計画が外に漏れるとほかの会社がやってきて話がややこしくなったり、計画がとん挫させられたりすることは起こり得ます。それゆえ、計画段階では秘密にするのが常識なのです。

ところが、熊本県小水力利用推進協議会（に集まった、事業参画を希望する企業）は、このように情報をオープンにしています。それはなぜなのか。

最初に県が主催する研究会からスタートしたことも関係していますが、地域主導で進めるというところから、以下のような利点があるのです。

〈小水力発電事業　進捗状況一覧〉

No.	事業者	事業地	規模等	現状・記事等
1.	南阿蘇水力発電㈱ 南阿蘇発電所	南阿蘇村河陰地内	出力 198kW	基本設計済み、用地取得済み、設備認定済み、系統連系協議中（FIT改正に伴い、工事負担金契約締結の申し出あり）
2.	熊本いいくに 県民発電所㈱ 菊池細永発電所	菊池市原字川鶴	出力 130kW	概略設計済み、用地取得済み、系統連系協議中（接続検討回答あり）、水利権・農振手続き等作業中
3.	熊本いいくに 県民発電所㈱ 八代泉古園発電所	八代市泉町古園	出力 420kW	概略設計済み、流量調査等業務見積もり提出済み。今後の進め方を検討中
4.	M社 水上村魚帰川 発電所	水上村江代	出力 990kW	概略設計済み、電源接続案件募集プロセス申込み済み
5.	K社・K社 笹原井出発電所 （Ⅰ）	上益城郡山都町 野尻地内	出力 49kW	基本検討事項調査中
6.	K社・K社 笹原井手発電所 （Ⅱ）	上益城郡山都町 笹原地内	出力 200kW	基本検討事項調査中、電源接続案件募集プロセス申込み済み
7.	K社・K社 錦野土地改良区	大津町錦野	出力 140kW	町にて基本設計済み、町事業中止のため継続申し入れ協議中
8.	N社	八代市東陽町川俣	出力 970kW	概略設計、流量調査見積り提出済み、発注について社内手続き中
9.	B社他４社	山江村鳥屋	出力 500kW	概略設計、流量調査作業着手、県調査支援事業採択済み、電源接続案件募集プロセス申込み済み
10.	M社	相良村椎葉谷	出力 650kW	事業化に向けて調査中
11.	M社	相良村山口谷	出力 970kW	発電水利権が見込めず中断
12.	S社・K社	五木村宮目木地区	出力 380kW	事業化に向けて調査中

オープンにすることで地域利益を確保する

まず「抜け駆け」的な動きがしにくくなる利点があります。

本来、民間企業による自由競争においては、抜け駆けも競争のうちだという一般論はあるでしょう。

けれど、これまで書いてきたように、水資源というのは地域社会と強く結びついた公共性の高い資源であり、乱開発は好ましくないと私や仲間たちは考えています。

そのために、オープンな場で議論し、希望する企業が対等の立場で事業参画する。議論の場には地元市町村や地域関係者も参加する――。それによって地域社会になじむ、地域を尊重する事業主体を形成していくのです。自治体や地域関係者が参加しているので、それを無視した抜け駆けは難しくなります。

なお、参加者は県内に限定されず、県外企業も対等に参加することができます。当初、県が研究会を主催していた際、行政の中立性の観点から県内外を対等に扱ったので、県外にもオープンになりました。

もちろん、県も本当は県内企業を育成したいのでしょうが、今はそのような縛りがかけられないようです。ＷＴＯ（世界貿易機関）のルールで、そのような規制が禁じられていると聞いたことがあります。

とはいえ、実際は県外企業に主導権を取られるような事態はおきていません。地点ごとに参画企業をオープンに募集すれば、自然と県内企業が多数になります。また、東京に本社があるような企業は、そもそも自社が過半数の議決権を持てない事業に参画したがらないことが多いようです。

つまり、結果的に県内の事業化で県内企業が主導権を持ち、また、調査から事業会社設立に至るプロセスに地元自治体や地域住民が関与することで、地元の希望も反映する事業計画が立てられるようになりました。103ページの表に列挙したのは、そのようにして進められている事業なのです。

外部から経営力を持ち込みつつ、地域に一定の主導権を持たせるという意味で、画期的な仕組みだと思います。

表からもわかるように、系統制約などが壁になってまだ着工した案件はありませんが、系統接続が可能になれば一気に開発が進むと期待しています。

経営者の立場からの使い勝手の良さ

熊本モデルの中心である熊本県小水力利用推進協議会は、事務局がＮＰＯ法人くまもと温暖化対策センターにあり、その理事長を務めているのが、田邉裕正さんという方です。田邉さんは、熊本市内の土木コンサルタント会社の創業者です。

協議会で事業化に向け積極的に動いている方々も、多くが中小企業のオーナー経営者たちです。

企業経営者であるからには、小水力発電事業も、一〇〇％自分の力で経営したいという気持ちもあるだろうと思います。

しかしその一方、電気事業、エネルギー産業は国策として進められた過去があり、地方の企業が単独で取り組むのは少し荷が重いという感覚があるでしょう。

制度や電力系統に関する情報を協議会から得られるメリットも大きいはずです。

また、水資源が地域社会と深くつながっており公共性が高いといった事情について、以前から、あるいは協議会活動を通じて、経営者の方たちは理解されているのだと思います。協議会は、事業会社と地元との対話の場にもなっています。

さらに、ＮＰＯ法人による、透明で偏りのない運営が、信頼関係の基礎となっていることもあるでしょう。

二〇一一年に研究会が始まってから、私も頻繁に顔を出し、公式・非公式の話し合いに参加しています。そこで見聞きした限りにおいて、彼らも、この仕組みを前向きに積極的に利用して事業を開拓しているように感じます。

地域社会や行政にとってだけでなく、県内の企業家にとっても、使い勝手のいい仕組みに仕上がったと言えるでしょう。

第6章

小水力発電の具体的なイメージ

小水力発電の基本的な形式

小水力発電では、具体的にどのような設備が必要なのか、モデルケースで紹介しましょう。

基本的な構造は以下のようになります（左ページの中段「水路式」を参照）。

まず、川などから水を引くための取水口というものをつくります。

ここから水を導水路でほぼ水平に引いてきて、水槽に水をいったん貯めます。ここで水を安定させて、パイプに水を落とし、低い位置で水圧を利用して発電機を回して発電します。

その後、水は元の川の下流域に戻すわけです。

このとき、注意していただきたいのが、発電用に水を取水した位置から、発電後に水を戻した位置までの区間では、川の水が減るということです。

この区間を「減水区間」と呼ぶのですが、水が減った分だけ川の環境が変わりますし、川の水を使っている人がいる場合には影響が出てしまいます。

〈水力発電の形式――構造面での分類〉……121 ページも参照

■ダム式

ダムにより河川をせき止めて池を造り、ダム直下の発電所との落差を利用して発電する方式です。この方式は、貯水池式および調整池式と組み合わされることが一般的です。

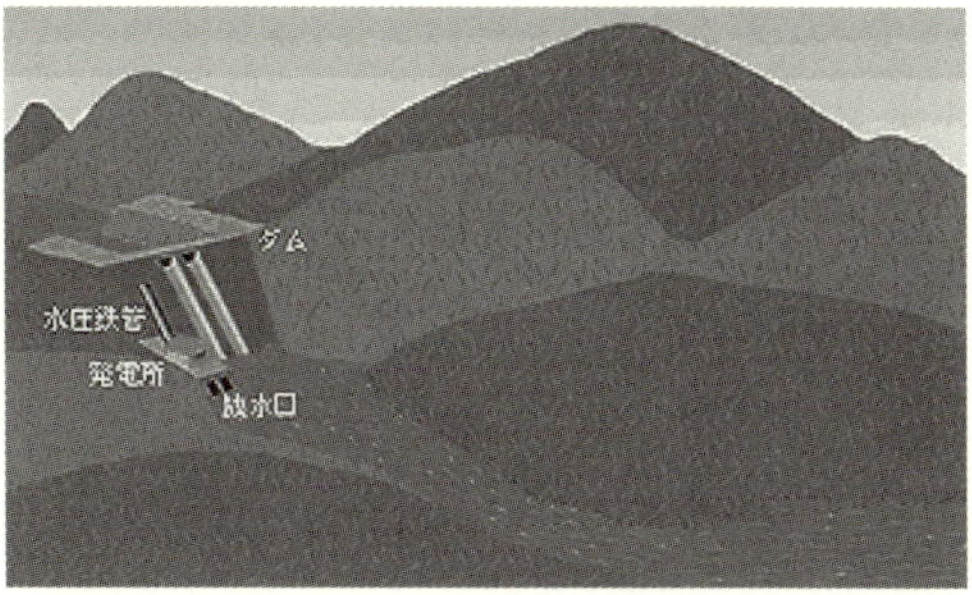

■水路式

川の上流に低い堰を造って水を取り入れ、長い水路により落差が得られるところまで水を導き発電する方式です。この方式は、流れ込み式と組み合わされることが一般的です。

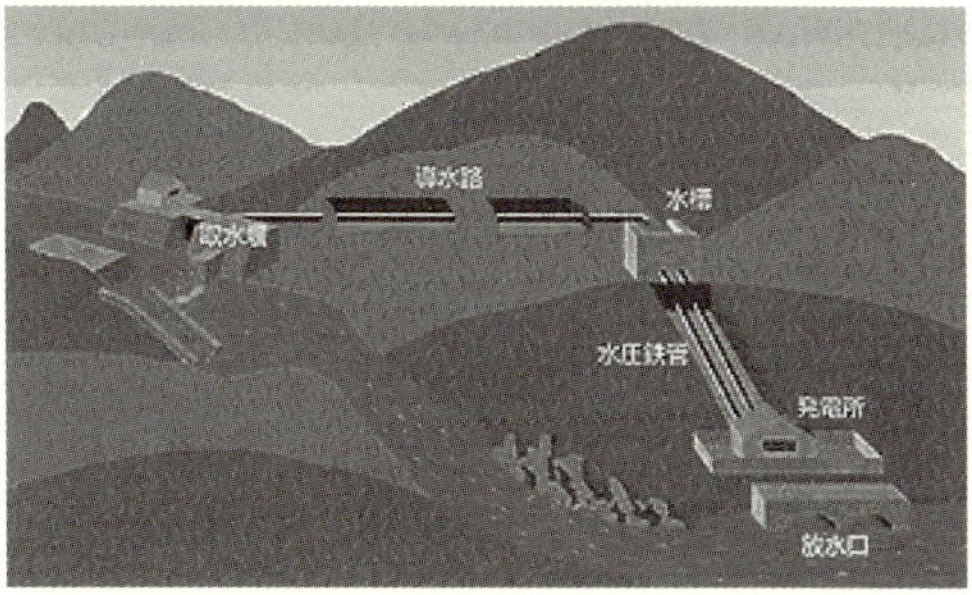

■ダム水路式

ダム式と水路式を組み合わせた発電方式で、両者の特性を兼ね備えた地点に適しており、各々単独の方式とした場合に比べて、より大きな落差を得ることが可能となります。

この方式は、貯水池式、調整池式および揚水式と組み合わされることが一般的です。

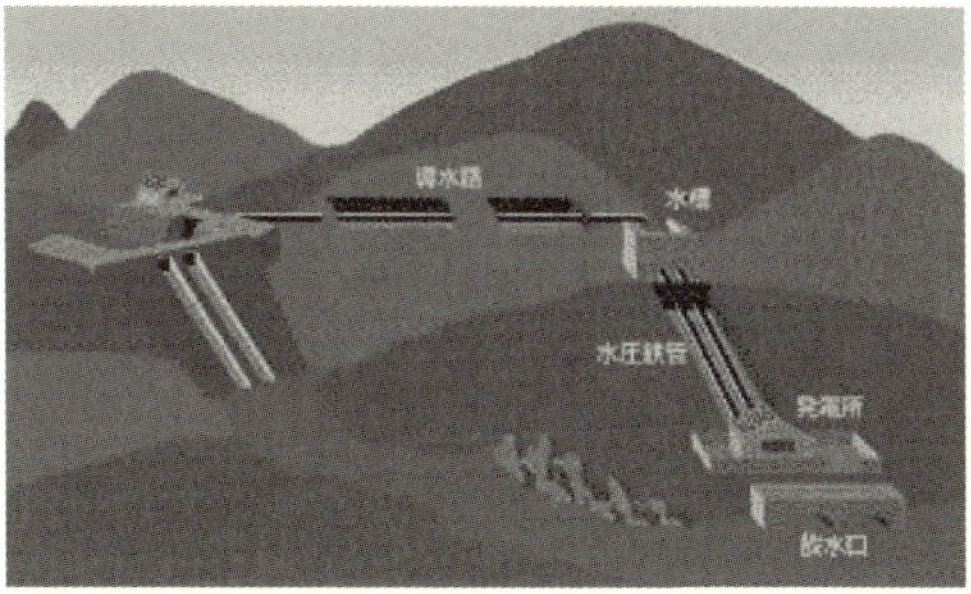

出典：資源エネルギー庁ホームページ　http://www.enecho.meti.go.jp/category/electricity_and_gas/electric/hydroelectric/mechanism/structure/

〈取水堰（横から）〉

長野県茅野市「蓼科発電所」。

小水力発電の設備

次に、主な設備についてご説明します。

まず、取水するための堰《せき》（取水《しゅすい》堰《ぜき》）を川の中に築いて、水面を持ち上げます。水は低いところを流れるので、川の外に水を導くためには、いったんせき止めて水位を上げる必要があるのです。

川から少し離れたところには沈砂池を設けます。これは読んで字のとおり、小石や砂を沈めて取り除くための「池」です。ただし池といっても、水路の幅を広げて流

〈取水堰（下流側から）と沈砂池、導水路〉

長野県茅野市「蓼科発電所」。

れを緩やかにし、通過に時間がかかるようにしたものです。砂は水より比重が重く、ゆっくり流れることで下に沈みます。

たまった砂はときどき川に戻す必要があるので、そのための排砂ゲートも設けます。農業用水路を利用する場合、これらの施設はすでに設けられているので、発電用に建設せずに済む利点があります。

沈砂池で砂を取り除いた水は導水路を通って水槽（ヘッドタンク）に導かれます。上の写真の導水路は開放水路（U字溝）に網かけの鉄蓋をした構造ですが、近年は樹

〈水槽、排砂ゲート、余水路、除塵機〉

長野県茅野市「蓼科発電所」。

脂パイプを使い埋設するのが普通です。

この水槽、水力発電の専門家は単に「水槽」と呼びますが、一般の方には身近にいろいろな水槽があるので、発電所のヘッドタンクであることを強調するため、私は「上水槽」と呼ぶようにしています。「上部水槽」という言葉を使う人もいます。

水槽によって水を安定させるとともに、水位変化を検出して水車を制御するのに用いられます。また、水槽にも砂がたまるため、排砂ゲートを設置するのが普通で、沈砂池としての機能もあります。

〈水圧管〉

長野県茅野市「蓼科発電所」。

〈フランシス水車〉

羽根車（ランナー）がケーシングでおおわれている。岐阜県中津川市「加子母《かしも》清流発電所」。

水車を緊急停止させた場合などに備えて、水槽から溢れた水を川に戻すよう、「余水路」と呼ばれる水路（パイプにすることが多い）も設置されており、排砂ゲートから出る砂もそこを流れます。

水槽を出た水は、水圧管というパイプを通って水車に流れ込みますが、その前に除塵機によりごみを取り除きます。枝葉やレジ袋など、水には様々なごみが混じっているからです。

水圧管の素材に関して、以前はほぼ鉄に限定されていたため、今でも水力発電所の土木設備の技術基準には「水門鉄管技術基準」と

〈上掛け水車〉

昔ながらの水車。静岡県藤枝市「水車むら」（170 ページ）。

いう名前がついています。しかし小水力発電所の場合、鉄管より安価な樹脂管の利用が広がっています（115ページ写真は樹脂管）。

発電所の建屋内には水車と発電機が設置されており、水圧管を通った水が水車を回し、放水路を通って川に戻っていきます。116ページの水車は「フランシス水車」とよばれるもので、世界中の水力発電所の半数以上で使われているそうです。

ところで、ここまでずっと「水車」という言葉を使ってきましたが、この言葉に違和感を覚える方もいると思います。普通「水車」と言うと、昔から使われている、木でできた直径一～数メートルの水車（117ページ）を思い浮かべるのではないでしょうか？けれど水力発電関係者が「水車」と言った場合、水の力で回転し、動力を取り出すもの全てを指します。典型的なのが、このフランシス水車です。

水力発電の三つの分類

水力発電は、設備によって三つに分類されます（111ページ）。

まず、「ダム式」です。これは、ダムをつくって水を貯め、ダムの落差を利用して発電するものです。発電所はダムの直下にあり、その場で放流します。

第二に、「水路式」という方式があります。これは、水を貯めずに、川から水路を引き、その水で発電するやり方です。大型のダムはつくりませんが、小規模ながら取水堰が必要であることはすでに説明しました。

最後に、「ダム水路式」という方式があります。これは、ダムをつくって水を貯め、そこから水路を引いて発電に利用するものです。この場合、発電所は、ダムから離れたところに建設されます。ダムの水位だけでなくダムから発電所までの高低差も利用するので、出力が大きくなります。

水路式とダム水路式は、取水口やダムの後ろから放水口までの落差を利用できる反面、その間（減水区間）の河川の水量が少なくなるので、河川環境に悪影響があるという欠点があります。

また、ダム式とダム水路式は、大きなダムとダム湖をつくることによる環境影響や社会問題を生じます。

以上三つの分類は、ダムや水路という設備からの分類です。

もう一つ、機能面からの分類もあります（121ページ）。

大型のダムでダム湖をつくり、いったん溜めた水を需要に合わせて利用するのが「貯水池式」「調整池式」です。この二つは、溜める水の容量で区別していて、週単位（電力消費が少ない夜間や週末の水を溜め、平日昼間に多く発電する）程度の短期間調整をするのが調整池式、梅雨時の水を溜めて夏の渇水期に利用するような大規模なものを貯水池式と呼びます。

一方、貯水機能を持たず、流れる水をその場で使い切る方式を「流れ込み式」と呼びます。ラフな打ち合せの場では「出なり」と呼ばれることもあります。

流れ込み式でも堰は必要ですが、取水堰とダムの違いについて河川法では、高さ一五m以上がダム、それ未満が堰（ダムでないもの）と区別されています。

そして、小水力発電の場合、ダムをつくったり水を溜めたりすることはまずあり得ないので、水路式・流れ込み式が基本です。

ただし、既存のダムの放流管などに後付けで小水力発電を行う場合、ダム式ということになります。また、土砂を抑えることが目的の砂防ダムから取水することもあり、その場合もダム式やダム水路式に分類されることがあり得ます。24～25ページに写真を掲載した金山沢川《かなやまざわがわ》水力発電所は、高さ一五m以上の砂防ダムから取水し、直下で発電している例です。南アルプス市のホームページによればこの発電所は水路式とされているので、砂防ダム利用の場合の区分についてはっきりしたことはわかりません。

なお、水力発電で勘違いされやすいのが、水車の回し方です、水を滝のように落下させ、

〈水力発電の形式――水の利用面での分類〉

■貯水池式

河川を流れる水の量は、季節的に大きく変化します。このため、水量が豊富で電力の消費量が比較的少ない春先や秋口などに河川水を大きな池に貯め込み、電力が多く消費される夏季や冬季にこれを使用する年間運用の発電方式を貯水池式といいます。

■調整池式

電力の消費量は、1日の間あるいは1週間の間にも変化します。このため、夜間や週末の電力消費の少ない時には発電を控えて河川水を池に貯め込み、消費量の増加に合わせて水量を調整しながら発電する方式を調整池式といいます。

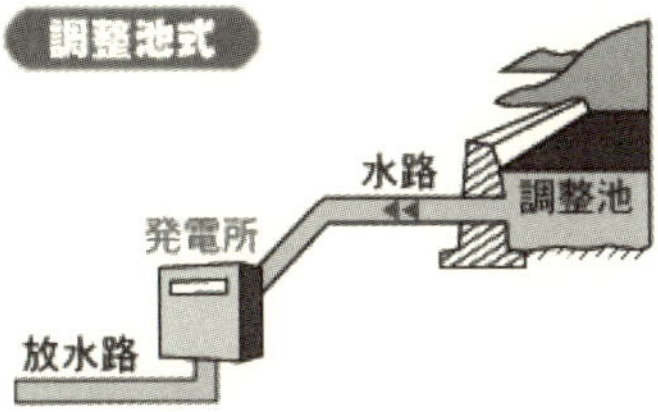

■流れ込み式

河川を流れる水を貯めることなく、そのまま発電に使用する方式を流れ込み式といいます。

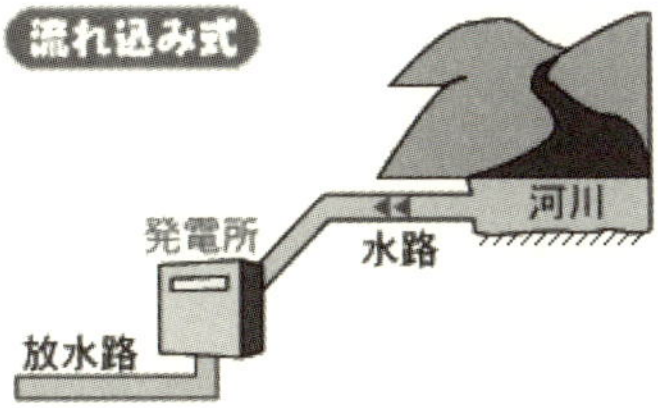

出典：資源エネルギー庁ホームページ　http://www.enecho.meti.go.jp/category/electricity_and_gas/electric/hydroelectric/mechanism/format/use/

その勢いで回していると思っている人がいますが、これは間違いです。

おそらく、テレビなどで大きなダムの放水を見て、あのときに発電していると誤解されてしまうのでしょう。

実際の水力発電は、水をパイプラインに引きこんで、パイプ内の水圧で水車を回します。先ほどご紹介したフランシス水車（116ページ写真）のように、水は「ケーシング」と呼ばれる鉄製のカバーの中を通り、「ランナー」と呼ばれる回転部分を水圧で回しています。

ただし、「ペルトン水車」「ターゴインパルス水車」と呼ばれるタイプでは、ケーシングの中にノズルがあり、ジェットとして吹きだした水が水車を回しています。

また、「開放式」と呼ばれる水車（上掛け水車〔117ページ〕、下掛け水車、らせん水車〔162ページ〕など）は、ケーシングがなく水車が露出しています。

水力発電をしている洗面台もある

ここで少し余談を。ご存じないかもしれませんが、ごく身近なところにも水力発電はあります。

手を差し出すと、赤外線センサーが感知して水が流れる水栓があります。公共施設や商業施設の手洗い所ではこれが主流となり、手動でハンドルを回すタイプのほうが、もはや少数派でしょう。

この赤外線センサーや電磁弁を駆動する電力をまかなうのに、洗面台の水道管に取り付けた小型水車で発電し、蓄電池に溜めて使うタイプが増えています。洗面台を取り付ける際に電気工事が不要になりますし、乾電池式だと定期的に交換する必要があるので、自家発電が便利、ということになったのだと思います。

電気工事や電池交換の人件費を考えれば、工場で小型発電機を組み込むほうが経済的に有利になるのは不思議ではありません。

普段は地球温暖化だとか、エネルギーセキュリティといった、大上段に振りかぶった話をしていることが多いので、たまには、こういうちょっとした工夫に目を向けるのも楽しいものです。

水の流れに直接水車を入れると水が溢れる原因になる

手洗い場でさえ可能であることでもおわかりのように、水力発電は基本的に水の流れのある所ならどこでも可能です。

ただし、現実的には、水力発電をするのに幾つかの条件をクリアしなければいけない場合もあります。

まず、水の流れのある所に水車さえ入れれば回りますから、水力発電はできますが、単に水車を入れるだけでは危険なことがあるのです。

「家の近所に農業用水路があるので、流水式水車を置いて発電したい」

そういう問い合わせを受けることが時々あります。

「流水式」というのは、専門用語として確立したわけではありませんが、特段の土木工事を行わず、流れている水にチャプンとつけることで回す水車のことです。水車形式としては、プロペラ式、螺旋《らせん》式（162ページ）、流し掛け式などが考えられます。

けれど、きちんとした水理計算（水の挙動に関する物理的な計算）を行わずにこのようなことをすると、水路から水が溢れて、周辺の道路や宅地が水浸しになる危険があるのです。

水路を設計する際には、必要な水の量や降水量、地形などを考慮して最大流量が定めてあります。そしてその最大流量を、溢れることなく確実に流せるような勾配、断面で設計されているのです。

そのことを考慮せずに水路に水車を置くことは、枝葉やレジ袋が水路に引っかかるのと同じように、水の流れにとって抵抗となり（「流下阻害」と呼ばれます）、大雨が降ったときなどに水が溢れる原因になるのです。溢水《いっすい》事故を起こしかねません。

したがって、水路に水車を設置する場合、設計最大流量が流せるよう、ほかにバイパス水路を設けたり、増水時に水車が水路から外れるように設置する必要があります。

農地周辺のちょっとした水路でも、技術者がきちんと設計して建設されています。

そういう技術者の努力にも、思いをめぐらせていただければありがたいと思います。

小水力発電には知恵が必要

一般的に、水力発電には「規模の経済」が強く働くので、大規模発電ほど経済性が高くなります。

日本の水力発電の歴史を見れば、より大きな出力を目指して、水量が多くて高低差のある川の上流にダムを築き、巨大な人工湖に莫大な水を貯める計画が実行されるようになりました。

さらに言えば、水力発電の規模の経済のためには、日本の川よりも、大陸を流れる大河のほうがもっと有利になります。大陸の大河の流れる国では、火力よりも原子力よりも、水力発電が経済的に有利だというところもあります。

例えば、中国の揚子江にある世界最大の水力発電所、三峡ダム発電所の出力は二二五〇万kWありますが、これは日本の全ての水力発電所の出力合計にほぼ匹敵する値です。「クロヨン」の愛称で知られる黒部川第四発電所でも約三三万kWにすぎません。

余談は止めて国内に話を戻しますが、逆に言うと、規模が小さくなるほど経済効率が悪くなるということになります。つまり、一〇〇〇kW以下の小水力発電では、様々に知恵を絞って経済効率を高める工夫をしないと赤字になってしまいます。

小水力発電所の建設費はケースバイケースですが、大体、出力二〇〇kWの場合で三億円、一〇〇〇kWで十数億円といった金額が目安になります。これを上回ると収益が上がらないおそれがでてきます。

ご参考までに、二〇〇kW級の発電所について、簡単なキャッシュフローモデルをまとめてみたのが127ページの表です。

日本には小水力発電のできる場所が無数と言っていいほどありますが、FIT法のもとで有利な価格で売電できるとしても、条件の良い場所を選び、コスト削減の工夫を凝らさないと、投資に見合った収益を上げるのは難しくなります。

見方を変えれば、知恵を絞れば絞るほど、小水力発電の可能な場所が増えるということ

〈200kW 級の小水力発電所のキャッシュフローモデル〉

（単位：千円）

	5 年目	10 年目	15 年目	20 年目
売電収入	30,885	30,885	30,885	30,885
営業支出	−7,586	−6,887	−6,405	−6,066
固定資産税	(2,586)	(1,887)	(1,405)	(1,066)
人件費・技術者委託費	(3,600)	(3,600)	(3,600)	(3,600)
その他費用	(1,400)	(1,400)	(1,400)	(1,400)
元利返済金	−15,742	−15,742	−15,742	0
元本	(11,931)	(13,172)	(14,543)	0
金利	(3,811)	(2,570)	(1,199)	0
法人税等	−2,091	−3,480	−4,325	−4,863
修繕費積立金	−500	−500	−1,000	−1,000
フリーキャッシュフロー	4,966	4,276	3,413	18,956

初期費用を約 3 億円、うち借入金を約 2.4 億円、返済期間を 18 年、金利を 2%とした。プラスがキャッシュイン、マイナスがキャッシュアウト、（　）内は内数。投下資本に対する収益率である PIRR（税前）は 4.7%となる。

でもあります。

小水力発電用機器の国内メーカー事情

小水力発電で赤字を出さないためには工夫が必要ですが、そうした工夫の一つが発電設備をなるべく安く抑えることです。

特に水車については、今のところ海外製品を輸入するほうが安い状況です。なぜ海外製品が安いのか、原因は歴史にあります（詳しくは第八章でお話しします）。日本では、小水力発電の歴史が一度途絶えてしまい、小水力向けの技術開発がおよそ半世紀の間ストップしていました。一方、ヨーロッパでは、その間も技術開発が進められていたため、安くて性能のいい機器が供給され続けています。近年になって、ようやく日本でも小水力発電に目が向けられるようになったのですが、すでに大きく引き離されていたのでした。

ここで言う技術は、研究室で研究するような基礎技術の部分はあまりありません。メーカーが製品として仕上げる中で、性能を落とさずにコストを下げる技術が中心となります。したがって、市場を確保し、累積生産台数を増やしていくことでしか、向上させることはできないと思います。

幸いＦＩＴ制度というのは、政策的に市場をつくり出し、拡大するという制度です。日本の小水力発電が競争力を持つためにも、今後十数年間は市場が維持されるよう、行政をはじめ各方面にお願いしているところです。

「水力は高い」は本当か？

実は、同じ再生可能エネルギーの中でも競争があります。

発電に限って考えたとき、再生可能エネルギーには、水力発電のほかにも、太陽光発電、風力発電、地熱発電、潮力発電など様々あります。こうした発電でコストを比較した場合、「水力は高い」と言われることがあるのです。

その理由は、水力発電は太陽光や風力に比べて初期投資の金額が大きくなるからです。太陽光の場合、太陽光パネルと土地さえあれば発電ができます。風力の場合も風車と土地を用意すれば可能です。

ところが水力の場合、川から取水したり、水路で発電所まで水を引くための土木設備が必要ですし、発電機を備えたある程度の大きさの建屋が必要になります。つまり、水力発電所の建設にはどうしてもある程度の規模の土木工事が不可欠であるため、初期投資額が膨らんでしまうわけです。

そのため、水力発電の初期費用は、太陽光や風力よりもかかってしまうのです。

その代わり水力発電には、太陽光や風力よりも設備の耐用年数が長いことと、年間発電量が多いことの二つの利点があります。そこで、一〇〇年間の総費用を一〇〇年間の総発電量で割って平均コストを算出すれば、おそらく太陽光や風力と同じか、むしろ安くなるはずだと考えています。

ただし、この計算では、金利を一切考慮していません。初期費用（一〇〇年間交換不要な土木施設を含み、水車本体が一〇〇年保つ場合もある）の大きな水力発電では、初期費用が小さい太陽光発電や風力発電（その代わり運転開始後一〇〇年間に数回、全設備交換の費用が発生する）と比べて、金利負担がずっと大きくなり、「高い」という結論になってしまうのです。

さて、エイモリー・ロビンスが古典的名著『ソフト・エネルギー・パス』（日本語版は時事通信社から一九七九年刊）で、「長期割引率はゼロもしくは若干マイナスと」すべき、と書いて以来、エネルギーシステムの持続可能性の議論において、割引率をプラスで考えるか、ゼロ以下にすべきかが、「経済派」と「環境派」の対立点の一つになってきました。

本書でその問題自体に深入りはしませんが、割引率をゼロとする立場に立てば、金利を考えない一〇〇年間の平均コスト比較に合理性があるはずです。

また現実の話、今の超低金利は一時的な現象でなく、これからの標準的な状況だと私は考えています（これにも多くの反論があるでしょうが、本書では深入りせず、著者の見解としてご理解ください）。

そもそも、高度成長期のような、リスクを取らずに金利が得られるという経済状況がむしろ珍しく、イスラム金融ルールのように、リスクを取らなければ金利を取るべきでないという経済状況のほうが歴史的にはむしろ普通だったのではないでしょうか。

そして、水資源利用は、リスクをともなう企業的事業というより、社会インフラとして社会全体でリスクを吸収しながら、社会全体に便益を供給するシステムだと私は考えます。

ここに書いた内容がすぐに多数派になるとは私も思いませんが、水力発電のコストに関して、金利を除外した長期の総費用と総発電量で算出すべきだという主張があることをご理解いただければ幸いです。

第7章

成功のコツがわかる様々な実例

小さな水力発電所は知恵で実現するという例

先述のとおり、水力発電では規模の経済が働きやすく、大きな発電所ほど経済的な効率は良くなり、小さな規模になるほど経済効率は悪くなります。そのため、あまりに小さなポテンシャルの場合、発電所をつくっても赤字になってしまうので、実現を断念することがあります。

けれど、小水力発電の候補地の状況というのは千差万別です。普通ならば赤字になりそうな小さなポテンシャルでも、地形の利点や地域の特性を活かしたり、経費を削る知恵を絞ったりすることで、経営的に成り立つこともあるのです。

次にご紹介するのはそうした例です。

徳島県佐那河内村《さなごうちそん》の原仁志《ひとし》村長（当時）は、小水力発電にとても積極的でした。

徳島県小水力利用推進協議会（全国小水力利用推進協議会と連携して活動する徳島県内の団体、現在は一般社団法人徳島地域エネルギーが事務局）が発足したばかりの頃、研究会で何度も見かける顔があり、聞いたところ村長だというのです。民間団体の研究会に首長自ら出席するのは珍しいので、驚いた記憶があります。

村内の府能《ふのう》地区には、昔、府能発電所という名の水力発電所があって、これを復活できないかと、原さんは考えていたのです。

けれど、いろいろと調査した結果、経済性から考えても無理ではないかという感触でした。この地点で想定できる発電出力は小さく（いろいろなパターンを検討しましたが、最終的に四五kWで実現）、経済効率が悪いからです。

それでも、知恵を絞っていろいろと方策を探ってみました。民間事業として実施する案もありましたが、最終的には村の直営ということになりました。補助金を利用する上で有利なことや、収益を村民全体のために利用できること（集落排水処理施設の維持管理費に充てています）が決め手でした。国の補助事業で事業化可能性調査も行いました。

けれど当初は、小規模な発電用の手頃な水車が国産では見つかりませんでした。そのため、すぐに事業を開始するわけにもいかず、しばらくそのままになっていました。

その後しばらくして、海外から比較的小規模な水車を輸入している会社が、イタリア製水車を入れるという話が、私の耳に入ったのです。この水車なら、新府能発電所計画にうってつけでした。そこで、佐那河内村役場や徳島の関係者と輸入会社の担当者を引き合わせ、事業化に向けたキックオフを行いました。

先に書いたように、ヨーロッパでは、小規模でも経済性が期待できる製品をつくっているのです。

もとの府能発電所の設備の一部が、農業用水路として継続利用されていたことなどの条件を活かし、安価な樹脂管を使うといった工夫を凝らすことで、先ほど示した二〇〇kW規模のキャッシュフローモデル（127ページ）の収支をほぼ四分の一にした金額で収めることができました。

出力四五kWの新府能発電所は、二〇一五年一〇月、運転開始にこぎつけました。

再生可能エネルギー全般への展開

佐那河内村は、当時の原村長が熱心だったことに加え、徳島市中心部から車で一時間もかからないという地の利があったので、一般社団法人徳島地域エネルギーがモデル地域として、多種の再生可能エネルギー利用を進めています。

市民出資で建設した「みつばちソーラー」太陽光発電所が、水力発電より先に実現し、それをはずみとして木質バイオマス機器の実証試験を行うバイオマスラボも建設、風力発電のプロジェクトにも取り組んでいます。

きっかけは小水力でしたが、再生可能エネルギーの展示場のような取り組みへと発展しています。

再生可能エネルギーの普及を加速するには、このような地域的取り組みが全国に広がることも大切だと思います。

村長のリーダーシップで成功

山村に小水力発電所をつくるとき、村が事業主体となることで、地元の人々の協力を得やすくなったり、収益を地域で上手に使うことができる場合があります。

そのもう一つの例が、熊本県の旧清和村《せいわそん》の発電所です。今、清和村は近隣の自治体と合併して、山都町《やまとちょう》になっていますが、発電所を建設した当時の清和村が、村の予算で建設したのが清和水力発電所です。

この計画は、兼瀬哲治《かねせてつじ》さんという人が発案者でした。兼瀬さんは元清和村役場職員で、企画係長をしていたときに、小水力発電所建設を思い立ち、補助金をもらって設計まで進めました。

その後、兼瀬さんは村長になり、小水力発電所の建設計画を実行に移しました。議会を説得するのに、こういう言い方をしたそうです。

「道路建設には、毎年予算がついている。でも、道路はいくらつくったところで、収入は入ってこない。その上、道路の利用者は過疎化で年々減っている。

けれど、道路をつくる予算を使って、代わりに水力発電所をつくれば、毎年、お金が入ってくる。そのお金は村のために使うことのできる自由なお金だ。村の発展のためのお金になるのだから、どうか発電所をつくらせてほしい」

こうした説得が実って、発電所計画はスタートしました。

そして、清和村の小水力発電所は完成しました。出力は一九〇kWで、二〇〇五年四月に運転開始しています。

当初の構想では、近くにある道の駅に電力供給するつもりでした。しかし、離れた場所に送電するには電気事業法の規制があり、結局、全量売電の発電事業に落ち着いたのです。

その後、FIT制度が始まったので、地域に相当の現金収入をもたらしているはずです。兼瀬さんの言葉にあるとおり、過疎山村では、役場が率先して地域の現金収入を考えなければいけない時代です。

先ほどの佐那河内村も同様ですが、村長のリーダーシップの重要性を示す好例と言えるでしょう。

小水力発電の成功が次々と連鎖した例

次にご紹介するのは、栃木県那須塩原市《なすしおばらし》の事例です。土地改良区が、最初の小水力発電所が成功したことを活かし、次々と新しい発電所を建設し、全体として大きな規模に育ててきたものです。

この地域では、一九六七年から国営土地改良事業（国が主導し、地元も一定の負担金を払って実施する、農地や農業用水路の整備事業）が行われています。それ以前は、四区の土地改良区がそれぞれ管理していた施設を統合し、五ヶ所の頭首工《とうしゅこう》（取水堰など、取水するための施設）などから地域全体に水を供給するようにする大規模な事業です。規模が大きいので、管理棟も建設し、十人余りの常勤職員を雇用する「那須野ヶ原《なすのがはら》土地改良区連合」という団体を新設しました。その全体指揮を執る事務局長として、当時、西《にし》那須野町《なすのまち》（現在は合併して那須塩原市）職員だった星野恵美子さんに白羽の矢が立ったのです。

早速、星野さんは、農林水産省と交渉しました。

「すでに農業が下降線なのははっきりしています。農業用水の整備は受益農家の合意が得られたけれど、農家が減っていけば、一軒当たりの維持管理費負担がどんどん大きくなってしまいます。農家が減り、残った農家の負担が重くなり、ますます農家が減るという悪循環にならないよう、負担金を増やさない工夫が何かないでしょうか。

例えば、那須野ヶ原には古くから三九〇基もの水車が稼動していました。その再現を試みてはどうでしょう」

これを受けて、農林水産省の技術者が、農業用水を利用した発電を農家に提案したのだそうです。

当時でも、土地改良事業のメニューの中に水力発電が含まれており、それによる追加負担はそれほど大きな金額にはならないと見込まれました。一方、発電所ができれば、売電収入が入ってくるので、以降の農業用水管理費用に充てることができるから、農家の負担金を減らすことができるというわけです。

この提案が受け入れられて、那須野ヶ原発電所は一九九二年に運転を開始します。出力は三四〇kW。土地改良区が経営する発電所としては、中堅どころといったところでしょうか。売電収入の効果は、試算によれば農家の負担金を半分以下に減らす計算になるという、劇的なものでした。

その後、この土地改良区では、再生可能エネルギーへ注目が集まってきた時代の流れもあって、次々と新しい発電所を建設します。売電事業を目的として、新たに百村《もむら》第一・第二、蟇沼《ひきぬま》第一・第二、新青木の五発電所が加わり、総出力は一五〇〇kW。ほかにも、市や企業との連携により環境教育用のマイクロ水力発電を設置しています。

また、太陽光発電や燃料電池、バイオマスなどへの取り組みも進めています。那須野ヶ原土地改良区連合は、農業用水の価値や地域の歴史を伝える活動を積極的に行っていますが、小水力発電の先進事例としても全国的に有名になり、見学者が多数来訪しています。

リタイアした事業家が推進役に

長野県の新潟県との県境地域に栄村《さかえむら》という村があります。二〇一一年三月一二日未明の長野県北部地震で甚大な被害を受けたことをご記憶の方も多いでしょう。また、日本有数の豪雪地帯で、道路が閉ざされて孤立し、自衛隊が物資を運ぶ事態も起きています。

とは言え、一定の年齢以上の住民には、毎年のように孤立した時代の生活スタイルが染みついているので、孤立しても大して困らなかったという逸話もあります。厳しい環境なので、地域社会には自給自足の意識が非常に高いのです。

豪雪で孤立したニュースが流れた年の五月頃、当時の高橋彦芳村長に電話した際、お見舞いの言葉をかけたところ、「病人さえ出なければなんてことないですよ」との返事が返ってきました。

その栄村で、小水力発電の計画が進んでいます。計画の推進役となっているのは渡邉誠さんという方です。実はこの方は、もともと栄村に縁のあった人ではありません。東京で事業家として成功した後、老後をのんびり過ごそうと、栄村に移住してきた人です。

ところが実際移住してみると、栄村の過疎対策として経済振興が非常に重要であることや、事業を起こした経験が地元に乏しいことに気づきます。

そこで、自分の経験が生きれば、と考え、地元の皆さんの協力も得て「さかえ地産開発合同会社」という地域振興のための事業会社を設立しました。

その後、村内の秋山郷《あきやまごう》という温泉で有名な地区で、小水力発電計画が持ち上がったとき、発電事業主体をさかえ地産開発に頼もうということになったのも、自然な流れだったと思います。これまでも書いてきたように、億単位の資金を扱う事業には経営感覚が必要で、渡邉さんが適任だと村の人は考えたわけです。

渡邉さんにしてみれば、のんびり過ごすつもりで移住してきた山間地が過疎で困っている。小水力は有望だけれど、事業を推進するリーダーがいないのを見かねて、事業家として一肌脱ごうという気持ちだったのでしょう。

事業家のなかには、単に利益になればいいというのではなく、社会の役に立つ事業をするということにプライドを持っている人もいます。

そうしたタイプの事業家は、小水力発電のリーダー役として打ってつけだという良い例だと思います。

地域おこし協力隊

小水力発電は地域振興のために非常に役立つ。けれど、小水力発電事業を起こすためのプロモーター役のリーダーが不足している……。これが現実です。

「それならば、プロモーターを公募すればいい」

という意見をお持ちの人もいるでしょう。

実は、「地域おこし協力隊」という総務省の制度があります。

地域のために役立つ人を「地域おこし協力隊」として地方自治体が募集し、委嘱職員などの形で三年間程度雇用します。地域の自治体は、「地域おこし協力隊」制度を使って三年間、地域活動を行ってもらうわけです。この間、総務省が、「地域おこし協力隊」隊員の給料相当額や活動費を交付税の形で自治体に交付してくれます。

この期間中に「地域おこし協力隊」隊員は、なんらかのプロジェクトを進め、期限が切れた後も、事業化の進み具合や本人の希望次第ですが、その地域に移住して、引き続きプロジェクトを進めることが一つの目標になっています。

この制度で採用する「地域おこし協力隊」の目的は、自治体が様々に決めるのですが、小水力発電事業の推進という目的で雇うことも可能です。

これを使えば、小水力発電事業に欠かせないプロモーターとなる人材を、総務省の援助を得ながら雇うことができるわけです。

現在、この制度を使って各地に移住し、小水力発電の適地探しや計画立案などを進めている人が何人かいて、すでに事業会社の設立まで視野に入れている人もいらっしゃいます。

総務省の政策の中でもクリーンヒットじゃないかと、私は評価しています。

自分たちが主体になれば、地域が長く生き残れる

外の会社から補償金だけもらって、自分たちの地域にはそれ以上何も貢献しない水力発

電所を勝手につくらせるより、地域が主体になったり、あるいは少しでも参加する形で水力発電所をつくれば地域の継続にずっと役立ちます。

第五章でご紹介した熊本県の南阿蘇村《みなみあそむら》の例（97ページ）では、地元が事業主体になることは難しいと判断し、研究会に集まった、熊本市に本社のある企業に経営を任せることにしました。

しかし資本金については、参加する一〇者が平等に出すことになり、地元の建設会社と自治会が、それぞれ出資を決めています。合わせても二〇％ではありますが、地元が資本参加しており、経営参画するとともに、利益配当が受けられるのです（99ページに書いたとおり、その後、電力系統の都合で開発がストップしており、その間に資本構成も少し変わりました）。

出資者である自治会にお金が入れば、地域のために使うことができますし、地元の建設会社にもお金が入る経済効果があります。

また、先に書いたように農業用水の流末《りゅうまつ》を利用して発電しますから、地元土地改良区との協力が不可欠であり、協力金が入って農家の負担金が減りますし、何かのときには地元要望を出しやすい環境でもあります。

このように、地域社会にとって良いことずくめなので、村の人々はニコニコと笑顔で水力発電事業を歓迎してくれています。

もちろん、初期調査の段階から、随所で村役場も間に入り信頼関係を築いてきたことも、好意的な反応につながっているでしょう。

「利益は全て地元に」というのが理想ですが、地元で全てを進めるのは難しいことが多いものです。事業主体を外部の民間企業に依存しなければならないケースが多いでしょう。けれど、全てとは言わずとも利益の一部がきちんと地元に入り、また事業内容に対して地元の要望を主張できる仕組みがあれば、地域社会は喜んで水力発電事業に協力できると思うのです。

補償金は人を幸せにしない

小水力発電事業では、利益を地元に還元することが原則です。そして、地元に利益を還元する方法の一つとして、補償金というやり方があります。しかし私は、補償金というやり方はあまり好ましくないと思っています。

なぜなら、補償金は人を幸せにしないからです。

これは水力発電に限る話ではなく、原子力発電のほか、地域外から来る大規模開発に共通する問題です。

例えば、これまで、東京電力、関西電力などの電力会社が水力発電所をつくってきました。そのとき、土地や農林漁業への補償に加え、第四章に書いたような川を利用する権利や、迷惑料ともいうべき内容も含めて、補償金の交渉をやっていました。

そして補償金という話になると、人はどうしても、少しでも多くもらおうという心理になってしまいます。

「隣の地区ではこれだけもらったのなら、うちの地区でももっともらわないと不公平だ」

「もっと粘ればまだ出すんじゃないか」

というように、吊り上げを考えはじめます。

しかも、こうした補償金交渉のうまい人が、必ずしも地域の将来を考えているわけではありません。そういう欲得ずくの思考が蔓延すると、地域全体が、一時のこととはいえおかしな空気になりがちです。

また、人間というのは恐ろしいもので、自分が少し得したくらいで平等だと感じるようにできています。客観的に平等だと、皆が、自分が少し損したと感じることが多いのではないでしょうか。どうしても不公平感が広がって、地域社会にひびが入るといったことも起こり得ます。

しかも、働いて手にしたお金と違い、あぶく銭とも言える大金を手にしたとき、それを上手に活かせる人はむしろ少数でしょう。いつしか、「ベンツを買って、家を立派にして、博打《ばくち》に手を出して、女を囲って、一家離散」なんていう噂が流れるようになります。

このように補償金は、もらった人を幸せにしないものです。

各地の大規模開発の現場を見聞きする中で、補償金にまつわるこういった話を聞いてきました。

私が今日、地域で自分たちの手で水力発電事業を起こすことを勧めて回っている背景には、そういう経験があります。

そもそも、手にした補償金を上手に活かせる人であれば、自ら水力発電事業を経営できるはずではないでしょうか。もっとも小水力発電所の事業規模では、補償金を出すとしてもベンツを買える額にはとてもなりませんが……。

せっかく、水力資源という「山の幸」があるのですから、水力発電をやるのなら、外部に任せて補償金を受け取るのではなく、地域社会が参加する、皆が幸せになれる開発方法を工夫してほしいものです。

第8章

歴史の中の小水力発電

産業革命は水力から始まった

水力は、現代の文明に意外なほど深く関わってきました。

例えば、ヨーロッパの産業革命は蒸気機関から始まったと思われがちですが、実は、水力から始まっています。もちろん、初期の産業革命で使われていたのは水力発電ではありません。水車動力と呼ばれるものです。

近代につながる工場制機械工業の始まりとして、リチャード・アークライトの水力紡績機が知られています。人力や畜力を超える動力として、まず水力が使われたのです。このことはあまり知られていないのではないでしょうか。

産業革命の初期には、水車動力が中心的役割を果たしたわけです。ただし水力は、工場立地が川沿いに限られるという欠点があるため、その後、ジェームズ・ワットの蒸気機関に主力の座を奪われました。

この章では、水力発電をめぐる歴史をご紹介し、水力がいかに現代の文明と関わりあってきたのか述べたいと思います。

さらに、第六章でも少しふれましたが、小水力発電が、戦後の日本においていかに埋もれた存在になっていったのか、その変遷についてもお話しします。

それを辿れば、小水力発電の新しい可能性についてより深くご理解いただけると思っています。

日本では火力が先行

電気事業連合会のホームページの「明治時代　電気の歴史年表」から少し引用します。

一八八一年　エジソンによって世界初の電灯事業がニューヨークで開始される
一八八二年　世界初の水力発電がニューヨークで始まる
一八八六年　初めての電気事業者として東京電灯会社（現・東京電力の前身）が開業
一八八八年　初めての自家用水力発電所が宮城紡績所に誕生
一八九二年　日本初の営業用水力発電所、京都市営蹴《け》上《あげ》発電所完成（当時の出力一六〇kW、現存する最古の水力発電所で現在も四五〇〇kWで稼働中）

日本の電気事業も水力発電も、世界初のアメリカのわずか五～一〇年遅れで進んでいることがわかります。

そしてもう一つ、水力発電の好きな私としては、「日本の電気事業は水力から始まった」と言いたいところですが、実は火力発電が先行したこともわかります。

産業革命の初期から水車の技術が進歩していましたし、アメリカでエジソンが電気事業を始めたときも水力で発電することに技術的な問題はありませんでした。それなのに、水力ではなく火力による発電が先に始まった理由は、送電の問題があったからです。

その当時の技術水準では、発電することはできても、電力を遠距離に送る技術が確立していなかったのです。

電力供給事業は、まず需要の大きい都市部から始まります。しかし多くの都市は、水力発電適地から離れています。遠距離送電の技術がないので、山で起こした電気を都市部に送ることはできません。そのため、東京や大阪などの街の横に火力発電所をつくったというわけです。

産業革命の説明でも書いたとおり、立地が限られることが水力利用の弱点です。

当時の大都市で唯一例外だったのは京都市です。琵琶湖からトンネルで京都市内に水を通す琵琶湖疏水が計画されていたため、そこに水力発電事業を付け加えたのが蹴上発電所です。

日本の電気事業の歴史

さて、世界中で電気事業が始まると、すぐに遠距離送電の技術が発達します。当時、石炭はかなり高価で、水力発電のほうが安く発電できたからです。ただし、長い送電線で電力ロスを少なくするためには高い電圧をかける必要があります。

もう一度、電気事業連合会の年表を引用します。

一九〇七年　東京電灯・駒橋水力発電所が一部竣工、東京へ送電開始（初の送電電圧五万五〇〇〇V、送電距離七五km、特別高圧遠距離送電のはじまり）

駒橋発電所は、山梨県大月市《おおつきし》にあり、今でも現役で稼働しています。中央本線に乗ると、猿橋駅と大月駅の間で太い鉄管の下をくぐり抜けますが、これが駒橋発電所の水圧鉄管です。発電施設の中を電車が通るのは、かなり珍しいのではないでしょうか。

駒橋発電所は、都留市《つるし》で取水して、大月市で発電のために水を落としています。取水しているのは相模川（山梨県内では桂川と呼ばれる）本流の水です。

この駒橋発電所を皮切りに、明治から昭和初期にかけて合計九つの発電所が山梨県内の相模川水系に建設されますが、相模川はあまり大きな川ではなく、これ以上の発電所はつくられませんでした（データはＷＥＢ「水力ドットコム」より）。

一方、東京市の電力需要は増加の一方で、相模川よりも遠くの大きな川に水力発電所がつくられるようになります。

利根川、さらに只見川《ただみがわ》、信濃川と、水力発電所の建設が広がっていきます。このように、遠距離送電の技術が確立してからは、都市部への電力供給のため次々と水力発電所が建設されていきました。

只見川の発電所は福島県内ですし、信濃川では、新潟県内の支流にも東京電力の発電所があります。

ところで、大事故を起こした福島第一原子力発電所は、東京電力の発電所です。電力は地元ではなく首都圏に送られていました。東京に住む私たちが使う電気のために、福島の皆さんに大変な被害を出してしまい、申し訳ない気持ちがあります。

けれど歴史をひもとくと、そもそも福島県や新潟県（東京電力の柏崎刈羽《かしわざきかりわ》原子力発電所があります）から東京まで電気を引いてくる、その先鞭をつけたのは水力発電なのですから、水力好きの私としては複雑な気持ちになります。

さて、後に「水主火従から火主水従への転換」と言われる一九六〇年代までは、火力発電で使う石炭の値段が高く、送電費用を払っても水力発電のほうが安い時代が続きます。東京や大阪をはじめとする都市部の電気需要を、山の中の川の水力で発電する時代でした。

電車の会社は自前の水力発電所を持っていた

少し余談になりますが、ＪＲ東日本も、新潟県内の信濃川流域に小千谷《おぢや》発電所など三つの発電所を持っています。

実は、戦前の日本では、電鉄会社が電気事業を行うのは普通のことでした。例えば、京王線の沿線である調布市や府中市の電気事業は京王電鉄が始めています。ただし都市部の場合、火力発電のほうが普通です。

水力発電の例では、伊那電気鉄道が挙げられます。伊那電気鉄道は、一九四三年にほかの三社とともに国有化され飯田線となりました（現在、ＪＲ東海）。

この飯田線のうち長野県内を走る区間がだいたい旧伊那電気鉄道ですが、ディーゼル車ではなく電車が走っています。乗客が降りて走って追いつく（もちろん大きくカーブしている区間ですが）ことが観光資源になるようなローカル線で、なぜ電車が、と不思議に思う方もいらっしゃるのではないでしょうか。

実は、地元に水力発電所を建設し、その電力を使ったので、伊那電気鉄道が明治時代に開業した当初から電車が走っていたのです。同時に電気事業も行っていました。

本章の最初で紹介した京都の蹴上発電所も、当時は京都市が建設し、市内への電力供給と市電の運転に使われていました。

このように、戦前の日本では、電気事業と電鉄事業をセットで行うことがむしろ普通だったのです。

最初の水力発電は小水力だった

京都の蹴上発電所は、後に四五〇〇kWまで出力を増やしますが、営業開始当初は一六〇kWと、今から見ればごく小さな発電所でした。

遠隔地の大規模発電が始まるまで、近隣に直接配電し消費する規模の小水力発電所が各地につくられていたのです。

その後都市部の電気事業が急速に発展すると、発電・送電の技術も進歩し、水力発電はどんどんと大型化していきます。大型化した理由は、水力発電の場合、規模の経済が大きく働くので、大きければ大きいほどコストが安くなるからです。

そのため水力発電は、より大きな発電能力のある場所を求めるようになり、山奥の源流近くに巨大ダムを築き、渓谷を水の底に沈めて広い人工湖をつくるように変わっていきます。巨大ダムで起こした大きな電力を、東京などの大都市部に送るというやり方が主流になっていきました。

巨大ダムをつくるのには、電力需要に合わせて出力を調整するという意味もありました。ダムを使った出力調整については、第六章で説明したとおりです（119ページ）。

その一方で、村落電化という動きも明治の終わり頃から始まります。都市部に負けず、村落でも電気を使いたいという時代が来たわけです。都市とは違い、村の場合、すぐ近くに山や川があります。そこに、規模の小さな発電所を備えれば、比較的簡単に村落の電気需要を満たすことができます。

そこで、村役場や村内有志が資金を集め、近隣の川から取水した小さな発電所をつくり、そこから直接、村中に電線を引いて電力を供給するようになります。

この流れは昭和一〇年代まで続きます。かたや都市部への電力供給のために水力発電の巨大化が進み、他方、全国の農山村には小水力発電が普及するという時代だったのです。

ヨーロッパでは小水力発電が生き残った

大水力と小水力の双方が増えるという事態は、日本だけではありませんでした。同じ頃のヨーロッパでも、大都市型の大規模水力の開発と村落の小水力の増加が並行して進むという現象が見られます。

しかし、第二次世界大戦を境に、小水力発電の運命は日本とヨーロッパとで大きく違ってしまいます。

日本では、戦争にともなう挙国一致体制を築くため、小水力も含めて、発電所・電気事業は日本発送電という国策会社に統合されてしまいます。そして敗戦後も、元に戻すのではなく、（沖縄を除く）九社の電力会社に分割再編することになり、地域の小水力発電所もその電力会社に帰属することになりました。

さて一方、ヨーロッパでは、日本が同盟していたドイツを含めて、日本のような小水力発電所の統合は行われませんでした。

したがって、戦前からの村営水力発電所が営業を続けます。設備更新のたびに、あるいは時々は新設もあって、メーカーにも一定の注文が入り営業が継続します。このような市場環境の下で技術進歩も続けられていました。

この違いが、現代におけるヨーロッパと日本との小水力発電の立場の違いを生んでいます。

ヨーロッパでは今なお、小水力発電所をそこかしこで見ることができます。今でも、村の発電所が生き残っていて、一つ一つは小さくとも、全体を見れば馬鹿にならない量の電力を安定的に供給しています。

ところが、日本の小水力は、戦後になってからしばらくすると、ほとんど消滅してしまいました。ＦＩＴ制度が始まる前の日本では、非常に少なくなっていたのです。

戦後しばらくは、山間地などでは送電網が整備されていなくて、地元の発電所からの電気に頼る必要があり、小水力発電所はあちこちに残っていました。けれど、送電網が整備されると、巨大な水力発電所や火力発電所などの電力を山間地に送るほうがコスト面で有利になります。

全国を九つの電力会社が分割して担当するようになると、大きな電力会社にとっては戦前から引き継いだ小水力発電所はコストパフォーマンスが悪いため、だんだんと廃止されていったのです。

例えば山梨県内では、三〇〇kW以下の発電所は廃止するよう指示されていたという話を東京電力ＯＢから聞きました。

このようにして日本からは小水力発電所が姿を消していきます。

一度、小水力発電が衰退していくと、小水力に関連した機器を生産するメーカーも少なくなります。需要の少ないところに産業は発達しにくいですから、小水力用の機器の発展もしにくいですし、製造コストも高くなってしまいます。こうして国産の小水力発電用機器が割高になったために、ますます小水力がやりにくくなってしまったわけです。

これに対して、今でも小水力が当たり前に稼働しているヨーロッパでは、昔から続く小水力機器のメーカーや関連業者があり、コストが低めに抑えられています。品質も良くなりますし、機器のメンテナンス体制も整備され、小水力発電を継続しやすい社会環境が続いていくわけです。

例えば、日本と同じように高低差の大きな地形をしているアルプス周辺にイタリアがあります。この国では、日本の小水力発電に打ってつけの水車や発電機などをつくっているメーカーが今も健在です。

第七章でご紹介したように佐那河内村《さなごうちそん》には同国Ｉ社の輸入第一号水車が導入され（135ページ）、また輸入第二号は第一章でご紹介した石徹白《いとしろ》の農協営発電所で回っています。

さらに、ヨーロッパでは、日本ではあまり見かけなかったタイプの発電水車も発達しています。例えばチェコやドイツなどライン川の流域では、小さな高低差の川や運河を利用した発電があります。

この場合、人里の近くに発電所をつくるので、水車メーカーの周辺に同じタイプでいくつも発電所がつくられるといったことが起こります。小型水車メーカーは小規模工場が多いので、営業面でもアフターケアの面でも近場に売る傾向が見られるのです。

「らせん水車」と呼ばれる、その名のとおり螺旋《らせん》型の羽根を持つ水車があります（162ページ写真参照）。日本でも可搬型の超小型のものが、一時期富山県を中心に一万台以上普及し、脱穀《だっこく》などの動力に使われていました。ヨーロッパでは、そのらせん水車を発電用にしたもの（大きいものだと数百kW）が発達しています。

先にご紹介したフランシス水車はケーシング（鉄製のカバー）の中に入っていましたが、らせん水車は「開放型」と呼ばれる水車の一つで、安全上の必要がなければむき出しのまま使うことができます。その構造上、ごみに強いことが一つの利点で、低落差用で比較的安価な割に高い効率が得られます。

このように、第二次世界大戦の前後で、日本とヨーロッパとでは、小水力発電に関する運命が大きく違ってしまいました。もし、日本でも戦後に小水力発電をもっと活用する方向で社会が動いていたら、ヨーロッパと同じように、今でも全国各地の山村や農村で小水

〈ドイツから輸入した発電用らせん水車〉

らせん水車は、低落差でも比較的効率が高いことや、ごみに強いという特徴がある。写真は鹿児島県薩《さつ》摩《ま》川内《せんだい》市《し》「小鷹水力発電所」（出力 30kW）。

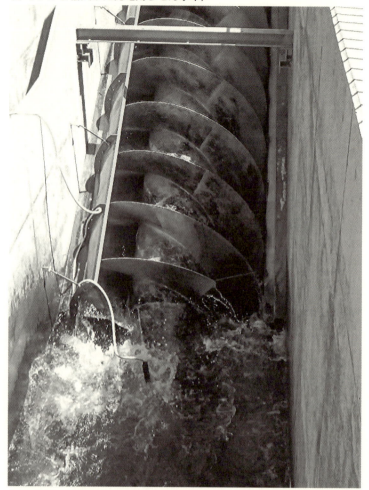

力発電所が稼働していたかもしれません。

ということは、これからの時代でも、条件さえ整えば、小水力発電が全国に広がる可能性はあると言えるでしょう。

地域振興のための小水力発電を普及させた織田史郎

戦後、ほとんどの地方で小水力発電所が姿を消していったのですが、例外的に中国地方では生き残りました。織田史郎という人物がいたからです。

織田史郎は、戦中に、中国配電（今の中国電力の前身）の役員をしていた人です。水力関係者の間では、日本人初のオリンピック金メダリストである織田幹雄（一九二八年アムステルダム、陸上三段跳び）の兄としても知られています。織田幹雄は、兄の史郎が電力会社で働いていたおかげで、生活の心配なく競技に打ち込めたそうです。

話を発電の歴史に戻します。先に書いたように、挙国一致体制で全国の電力会社を統合した日本発送電は戦後九電力に解体されましたが、村営発電所など地域の小水力発電は戻ってきませんでした。

しかし、新たな時代にはあらたな事業の可能性が開けます。

戦後の復興期には全国的に電力が不足しており、電気代は高価でした。大卒の初任給が一万円だった時代でも、電気料金単価は今の半分近い金額でした。

電気がこない地区は「無点灯地区」と呼ばれ、電力会社の送電線を津々浦々まで行き届かせる「無点灯地区の電化」が政策課題となっていた時代です。

しかし、織田史郎はその一歩先を見ていました。遠からず配電線が村にも届くことを見越していたのです。そして、

「電力会社に電気を売って、地域振興の財源にすればいい」

と考えたのです。

とは言え、電気事業は独占事業ですから、普通に発電所を建てることはできません。織田からの政府や国会議員への働きかけもあって、その法的根拠となる「農山漁村電気導入促進法」（以下、農電法と略す）が制定されたのは、一九五二年のことでした。

この法律を使えば、農林漁業団体（農林漁協や土地改良区）が、電気事業（発電所の経営）を行うことができます。

その後織田は、地形図で可能性の高い地点を調べ上げ、発電所建設を積極的に働きかけます。このため、中国地方には最盛期に二〇〇ヶ所ほどの小水力発電所があったそうです。現在もそのうちの五〇ヶ所ほどが稼働しています。

中国地方で農協小水力が生き残ったわけ

日本の小水力発電は、戦後にいったん途切れたものの、農電法により中国地方では盛り返しました。中国地方だけ、例外的に小水力発電が生き残ったのは、やはり織田史郎のおかげです。

と言うのは、農電法には売電単価まで書いてあるわけではありません。電気を売るためには、電力会社と個別交渉を行う必要があったからです。

そんな中、

「なるべく高く買ってやってくれないか」

織田史郎は中国電力にそう働きかけました。もともと、自分たちの会社の役員まで務めた人物の口利きですから、中国電力は相応の配慮をしてくれました。単なる口利きだけでなく、最初の頃は、織田自身が交渉にあたっていたといいます。

また、織田らが、発電所を取りまとめて「中国小水力発電協会」（現在、事務局はＪＡ広島中央会）を設立したことが大きな力となります。

しかし、ほかの地方では個別の発電所が電力会社と交渉しますから、情報量でも、力関係でも赤子の手をひねられるようなものです。電気料金の相対的な低下とともに、徐々に消えていきました。

一方、中国地方だけは、団体をつくったおかげで、発電所相互に情報交換しながら、織田のようなプロの力を借り、売電価格の算出基準を決め、中国電力と団体で交渉することができました。こうして、小水力発電所が生き残ることができたのです。

衰退していった戦後の小水力発電

このようにして持続することはできましたが、中国小水力発電協会でも、新しい発電所の建設は一九七〇年が最後の年となります。その後は、既存発電所が細々と（一部は廃業しながら）生き残るだけの時代がしばらく続きます。

その間、もう一度だけ小水力発電に注目が集まったのは一九七三年に始まる、オイルショックの時代でした。海外から輸入される石油に頼る火力発電の不安定さに危機感を抱き、オイルショック対策として、政府の促進策に応じた発電所がいくつかできました。

けれどこの動きも、一九八五年の逆オイルショック（石油価格の暴落）とともに立ち消えとなります。

そして、二〇世紀が終わり二一世紀初めまで、エネルギー政策の中で小水力発電が顧みられることのない時代が続きます。

全国小水力利用推進協議会（設立当初は「全国」の二文字はありませんでした）を設立した二〇〇五年は、まだそのような時代でした。

ほとんど見向きもされない状況に危機感を抱いた関係者が集まり、何とか目を向けてもらおうとして団体を設立したのです。

その後、当協議会や連携する地域団体が努力して、少しずつ知名度を上げ、ようやくＦＩＴ制度が始まったことで、一気に状況が変化します。

地方分権と中央集権のせめぎあい

今までお話ししてきたように、小水力発電は何度か広がりを見せた時期があるものの、社会の趨勢によって衰退を余儀なくされてきました。その一方で、ヨーロッパでは小水力発電は生き残っています。

先に書いたように、その原因を一言で言えば、「挙国一致体制で国策会社に統合した」ことにつきます。

これは、歴史的な地域の自立意識の問題、あるいは中央集権と地方分権のせめぎあいとして理解することもできるだろうと思います。

日本でも明治以降、ずっと中央集権一辺倒だったわけではなく、地方分権的な意識が高まることもありました。しかし、戦争のときには、中央集権が特に強まります。明治維新や太平洋戦争は、とくに権力の中央集中が強化される時代をつくりました。

明治維新のときには、江戸時代の各藩の多様性がどんどんと消されていきました。南方《みなかた》熊楠《くまぐす》の「神社合祀訴訟」が、それに対抗する動きとして知られています。

太平洋戦争のときも、地方独自の言論を中央がコントロールできるよう、地方新聞を一県一紙に統合するといったことが行われています。

電力の統合も同じように、中央集権によって地方分権が抑え込まれるという流れの一つだと理解することができるでしょう。

もちろん、世界においても中央集権と地方分権のせめぎあってきた歴史はあります。ただ、ナチスドイツの統治下でも地域の発電所が統合されなかったのは、それだけヨーロッパで地域の力が強いことの現れではないかと思います。

第9章

山村と小水力の文化論

小水力に魅せられた三〇年

少しだけ個人史を書かせていただきます。

今から三〇年以上前のこと、私の大学時代にエコロジーブームがありました。その頃、有機農業・適正技術・反原発などをテーマにしていた学者や市民団体が、「水車むら会議」という団体を立ち上げ、静岡県藤枝市の滝ノ谷という地区に、シンボルとなる上掛け水車（117ページ）を作りました。一九八一年のことです。

私は、八二年夏の工事から参加しています。そのことがきっかけで小水力の魅力に取りつかれ、以来三五年が経ちます。

また、このような活動をしていた学者たちは、地域社会の重要性も訴えていました。たとえば玉野井芳郎《たまのいよしろう》・中村尚司《ひさし》といった経済学者が「地域主義経済」を唱えていました。

そういった経緯もあり、私は大学を出た後、一般企業に勤めるのではなく、農林水産省の外郭団体「財団法人ふるさと情報センター」に就職し、アフターファイブで水車むら会議の活動として発電実験などを続けていました。

そして、三〇歳の頃、仲間たちと株式会社ヴァイアブルテクノロジーを設立し、一九九二年に脱サラします。この会社では、再生可能エネルギー機器の設置工事や、コンサルタントをしていました。

その後二〇〇四年に、小水力発電の団体を立ち上げるので事務局を担ってくれないかという話をいただき、二〇〇五年に発足した小水力利用推進協議会（設立当初は名前に「全国」の二文字はなかった）の事務局をヴァイアブルテクノロジーの中に置き、私は事務局長を（ボランティアで）務めることになります。

そして小水力発電関係の仕事に集中するため、二〇〇九年に小水力開発支援協会という一般社団法人をつくって、収入源をこの団体に切り替えました。現在は代表理事を務めています。

小水力開発支援協会の主な仕事は、小水力発電所をつくるためのコンサルタント業務です。小水力開発を考えている地域や企業から相談を受けると、計画の見込みの判断や計画立案から、実際に発電所を建て、運転を開始するゴールまで、地元の人に伴走する形で様々な支援をするというものです。

ほとんどの相談者は小水力についてご存じないわけで、専門的な知識がないと判断できないことや、経験がないと戸惑ってしまうような手続きや交渉などがたくさんあります。そうしたことのうち、やり方をお教えして自分たちでできることはやってもらいますが、専門家でないと無理だろうという場合は私たちが代わりにやることもあります。

全国小水力利用推進協議会はボランティアベースの団体ですから、初期の相談に乗ることはできても、調査設計のような業務を受託することはできません。

プロによる支援が必要な業務については小水力開発支援協会で行っています。

この二つの組織の使い分けは微妙なものがあり、非営利の全国団体を利用してビジネス（給料を得ている一般社団法人）の営業をしているのではという批判があるかもしれません。ただ、地域の取り組みをプロとして支援できる団体や企業がそうそうあるわけでもないので、後ろ指を指されない程度に注意しながら、進めています。相談者の皆さんには、どこから有料になるかなど明確にお伝えするようにしています。

また、ボランティアでの仕事に力を入れすぎると、収入の道が危うくなり組織が維持できなくなるので、長年の経験で何とかバランスを取っているつもりです。

このように、私は成人してからの人生を、小水力や、再生可能エネルギー、時期によっては省エネも交えるような世界で過ごしてきました。

そして、最初のふるさと情報センターの時代に、あるいは小水力発電の開発を通じて、ごく自然に、山村の過疎化の問題とも深く関わるようになり、同じ問題に立ち向かう数多くの人々と知り合うようになっていきました。

山村は持続への努力を止めてはいけない

　ある山間地でリーダーとして活躍する知人が、最近こんなぼやきをしていました。「今の町長にはがっかりした。議会の答弁で、人口減少対策や地域振興は国が考えることで、町がすることじゃないと言ったんだよ。これじゃ、俺たちの村も潰れてしまう」

　全国的な市町村合併、いわゆる「平成の大合併」で、彼の村も近隣の町村と合併していました。彼は新しくできた町の議員になっていて、新しくできた町の首長の態度を嘆いたわけです。

　合併する以前、彼の活躍もあって、その村は必死に過疎化や高齢化に抵抗しようとしていました。村の人々の同意と協力を得て、村を立て直すための挑戦を続けていたのです。ところが、隣にある少し大きな町には、それほどの危機感はありませんでした。合併でできた新しい町では、中心に位置する町が、当然一番人口が多くなり、行政上の発言権も強くなります。町長もそこの出身です。そして、過疎化や高齢化などへの危機感が薄く、対策は国がやってくれるものという受け身の態度が先の言葉に出たわけです。

　今、日本の山間地ではどこでも、過疎や高齢化の問題に悩み、消滅の危機を迎えています。

けれど、そうした地域が、自分たちの故郷を持続させようと、積極的な対策をしているとは限りません。この村の、あるいは本書で取り上げた各地域のように自助努力をしているところのほうがむしろ少数かもしれません。誰かが助けてくれるのを待つという消極的な態度の地域が多い気がします。

私のように首都・東京で全国を対象とした活動をしていると、自分から活動する地域のお手伝いはできますが、消極的な地域にまでは手が回らないのが正直なところです。けれどやる気さえあれば、できることはたくさんあります。

小水力発電事業は億単位の投資が必要で、強力な推進役がいないと難しいかもしれません。けれど、第一章でご紹介した石徹白《いとしろ》地区のように、農産加工場を活用したり、カフェを開いたり、ウェブサイトを開設したり、交流事業を行ったりと、様々な対策があります。こうしたことなら、もっと小さな投資金額でやれますし、自分たちで事業を起こせば、外から人が来るかもしれません。経済や人の流れが活性化すれば、新しく若い人が移住してくるかもしれないのです。

そうした地道な努力を重ねることで、山間地の村の過疎と高齢化が少しずつ解決していく可能性はあります。

そうした努力の一環として、小水力開発も位置付けられると思うのです。水という足元の資源を活かすことで、地域社会が持続していく力となります。ＦＩＴ制度に支えられた発電という確実性が高い事業でお金を回すことにより、縮小していくばかりだった地域が再び繁栄へと転じるきっかけになるはずです。

山間地には、長い年月で蓄積されてきた文化があります。少し昔まで、冬場の大雪で何ヶ月も外の世界への交通路が遮断されて孤立してしまう村は珍しくありませんでした。そんなとき、村にある物だけで、三ヶ月も四ヶ月も暮らしていく知恵を自然と身に付けていったのです。

そうした知恵は、今でも山間地の古老に聞けば幾らでも話してくれます。

そんな力強い山間地の文化を残すことは、これからの日本全体にとっても非常に重要なことだと思うのです。

ただし、ここで一つ注意しておきたいことがあります。徳島県上勝町《かみかつちょう》の前町長笠松和《かず》市《いち》さんが現職だった頃、次のようなことをおっしゃっていました。

「このまま町が消えていっていいのなら、このお年寄りたちにとって困っていることは特にないんですよ」

上勝町は、株式会社いろどりを立ち上げて、木の葉っぱを料亭などに販売するビジネスを成功させ、お年寄りがインターネットも駆使して収入を上げている町として知られています。その事業を推進した町長の口から出た言葉ですから、重みがあります。これも一つのリアリティだと理解する必要があるでしょう。

山村社会の持続が必要だということと、そこに暮らす方々にとってのリアルな日常感覚との違いを意識しておかないと、地域に何かを持ち込んでも空振りになるおそれが高いと思います。

山に人がいなくなると日本社会が脆くなる

「山が過疎化したのは時代が変わったということだろう。なら、もう山村は時代に合わないということだ。消滅して何がまずいんだ」

あるいは、そういう疑問を持つ人もいるかもしれません。それに対して、私はこう答えています。

「町育ちの人たちばかりになると、社会が脆《もろ》くなりますよ」

今は、都市人口と村の人口のバランスが崩れている時代です。

世界的に見ても、都市に人口の三分の二が集中し、それ以外の農山漁村の人口は三分の一ほどだと言われていますが、歴史的に言えばかなりの異常事態です。人類の歴史を見ると、村の人口のほうが都市よりもはるかに多い時代がずっと続いてきました。

例えば日本の場合、明治になる以前、農山漁村の人口が都市人口の一〇倍程度でした。大都市で活躍し日本の発展を支えた人の多くも、農山漁村で生まれ、育ち、そして都市に集まってきた人たちです。

少し乱暴な言い方になりますが、私は「都市は人を育てない」と考えています。都市は人が集まる場所であって、育てる場所ではない、と。

都市は競争社会です。腕に覚えのある人が集まるウィンブルドンのようなものなのです。

もちろん、実際には、私自身を含めて都市（&近郊）で生まれ育つ人も大勢います。

ただ、都会育ちの人ばかりで社会をつくると、社会の基礎体力のようなものが失われるのではないでしょうか。

「効率性と脆弱《ぜいじゃく》性」という概念で説明するのがいいかもしれません。

ルールと環境が安定した状況で競争する場合、効率が高いほうが勝ち残る可能性が高いでしょう。投入資源の無駄が少なければ、得られる成果が多くなります。

しかし、効率性は脆弱性と裏表の関係にあります。効率が高いシステムは、冗長性（「遊び」とか「余裕」と言ってもいいでしょう）が乏しく、外部条件の変化に対して脆弱です。

一方、人を育てるというのは、とても冗長な営みです。多様な才能を丁寧に育てないと優秀な人材は育ちませんし、育った優秀な人材がその時代の社会に適合するとは限りません。一方で、一直線のレールに乗って効率的に育つような子どもは、たいがい人生のどこかで折れてしまうことが多いのではないでしょうか。

人口の多数が農山村にいて、そこで育てられた若者の中から、その時代で才能を発揮できる人材が都市に集まり、競争しながら日本を動かしていく――。

持続的な日本をつくるには、そういう仕組みが不可欠だと思うのです。

また、農山村と言っても特性に少し違いがあります。

山村は人口密度が低く、しかも、自然災害がより強く襲ってきます。豪雪や土砂崩れによる孤立に耐える必要もあります。人間の都合は通らず、自然の都合に合わせて、限られた人数で対処を迫られます。

その一方、平時には意外と自由が得られるのも山村です。集落から少し離れてぽつんと暮らす家が、その気になって探すとけっこうあるものです。社会的多様性の面からも、とても興味深いのが山村です。

人類社会をめぐる環境・状況が大きく変化する現在、そういう地域で育った人たちが、日本社会を強靱にするのだと考えています。

ベルトコンベアからセルへ

エレファントカーブという言葉があります。

縦軸に人数、横軸に収入クラスを取って世界全体でのグラフを書くと、中間にまんじゅう山のような盛り上がりがあり、右側（金持ちの側）に向かって段々人口比が下がっていくけれど、最後一番右端（大金持ち）の人数がぴょこんと増える、右を向いた象（エレファント）が鼻を高く持ち上げているような形のグラフです。今の社会はそういう構成になってきています。

このような形ができるのは、途上国で中間層が育ち、次第に右にむかって所得を増やすと同時に、先進国の中間層の所得水準が下がり、左に向かって移動しているからでしょう。経済がグローバル化すれば、先進国と途上国の壁がなくなり、中間層が平均化するのは当然でしょう。このことは、先進国の中間層の所得低下を意味します。日本でも中間層が没落してきているという指摘があります。

量的拡大を目指している限り、この傾向は止められないと私は思います。

少し話が飛びます。

工場生産の現場で、ベルトコンベア式からセル式へという動きがあります。ベルトコンベア式というのは、これまで主流だった生産方式です。ベルトコンベアに乗せられている製品に対し、分担を細かく分けた作業員が並び、単調に同じ作業を繰り返していくというやり方です。同じことを繰り返しますから、その作業に習熟しやすく、生産の効率が上がるわけです。

けれど、このやり方をしていると、いつまで経っても作業員は、簡単な一つの作業しかできません。自分の分担の作業のほかについては全く知らないままです。もし、この流れ作業のどこかに不具合が発生しても、その作業員には何もできませんから、作業はただ停止したままになるわけです。

これに対し、セル式生産という方式が最近、話題になっています。

セル式というのは一人がかなり多くの部品を使って長い工程を担当し、次へと渡す生産方式です。工程が長くなりますから、当然、製品についてかなりの部分を理解できます。そのため、少し似た作業にならすぐ対応できるわけで、多品種少量生産に向いていますし、作業工程にトラブルがあっても対応が早くできるようになります。工員の周りに工具や部品を並べた小部屋のような空間ができるので「セル」（細胞）と呼ばれます。

ベルトコンベア式は、外部環境は大きく変化しない中で、量的拡大を目指す場合にうまく機能します。もし、人類社会をめぐる状況があまり変化せず、かつ、日本がこれまでどおり量的拡大を目指すなら、ベルトコンベア式は上手く機能するでしょう。しかし、環境・状況の大きく変化する時代においては、上手く機能しなくなり、中間層は没落していくでしょう。

私は、地球環境の変化（気候変動）、国際政治における緊張の高まり、資源をめぐる情勢の変化、大量の難民発生など、人類社会はこれから激動の時代を迎えると予想しています。また、日本の中間層の没落は食い止めることが望ましいと考えています。

工場の現場という狭い意味でなく、一人ひとりが社会を動かしていくという意味においても、柔軟で多様な対応が取れるセル型人材が必要になってくると思います。

ただし、金額に換算されない価値も評価軸に入れるべきと考えているので、単純に収入が減るから悪いと主張するものではありませんが。

文化の意味が手ごたえとしてわかる魅力

インフラのありがたみが実感としてわかる。

都市で暮らしていると、これはちょっと理解しがたいことでしょう。都市は全体がインフラの塊のようなものですが、あまりにも巨大すぎて感覚的に全体像をとらえることができません。

ところが、村で暮らしていると、農業用水などのインフラのありがたみが、感覚的な実感としてよくわかります。目の前の用水路の全体を自分の目で見て知っていますし、それがご先祖によってつくられたことも、祖父母や両親に聞かされて、自分の感覚で納得できています。

そして、その農業用水がどれほど大切な役割を果たしているか、その管理維持にどれほどの労力がいるか、全てを自分の身をもって知ることができます。

つまり、村のインフラは「自分の目で見える」範囲にあるから、感覚的にありがたみがわかるわけです。

私はこの手ごたえが大切だと思っています。

現代社会の問題点の一つとして、「自分の人生の手ごたえがないこと」があるのではないでしょうか。

都市部にあるインフラの場合、どれもが巨大すぎて全体が見通せません。道路、水道、電力、ガス、鉄道、ビルなどなど、どれについても「誰がつくって、誰が管理して、誰が利益を受けているのか」と聞かれても、簡単には答えられないものばかりではないでしょうか。

どこの誰がつくったのか、どうやって映っているのか、仕組みも理解していないパソコンの液晶画面を見て、どうやって動いているのかわからないプログラムを使ったインターネットで、どこの誰にどう役立つのかわからない商品を社会に出そうというビジネスに関わり、自分がビジネス全体のどの部分を担当しているのかもはっきりしない仕事をして、どのような理由なのかはっきりわからない基準で報酬を得て、生活をしている……。

都会で、そうした巨大なインフラやシステムに囲まれて暮らすうち、自分の労働が社会にとってどんな役割を持っているのかわからなくなってしまいがちです。

ところが、山村には、都市とは違い、文化に具体的な手ごたえがあります。このこともまた山村で暮らすことの魅力だと思うのです。

山林保全の必要性

ここまで、農山村、特に山村の社会的価値について書いてきました。最後に、国土の三分の二を占める山林を維持し、木材を生産することの重要性についてお話しします。最近あちこちで聞くような話かもしれないので、手短にまとめましょう。

まず、山林を保全管理するためには、人里と山奥の中間に山村があり、林業や森林管理が行われる必要があります。

今の日本では、里に近い山林のほとんどが、原生林ではなく、伐採され植林されて、人が管理する森林です。このような山林は、人の手で管理していないと、様々な問題を発生させてしまいます。

例えば、大雨が降ったとき、山が適切に管理されていないと斜面が崩れやすくなります。山の斜面が崩れると、土砂が集落に流れ込んで人家を押しつぶすことがありますし、川に流れ込み下流に至れば、洪水の原因にもなります。橋や道路を冠水させ、破壊することもあります。

もともと日本列島の地形は、谷が削られ、山が崩れ、土砂が堆積して平野がつくられて形成されてきたし、いまもそれが続いています。しかし、人が住むようになると、山が崩れるのも平野が土砂で埋まるのも不都合です。

それを防ぐために最上流部で活躍するのが山村なわけです。

植林をし、草刈りや樹木の間引きをし、機を見て間伐材を出荷し、最後に大きく育った樹木を切り出して売る……。山を常に管理することで木材を生産し、経済を回していたのです。

また、防災のために砂防工事（谷が削れたり山が崩れたりすることを防ぐための、各種の土木工事）が必要です。山の管理には、林道や作業道が必要です。小規模な災害はしょっちゅう起きて、道路や砂防施設が壊されることもありますから、その都度復旧工事が必要になります。

このようにして山や森が一定の状態に維持されるからこそ、中流、下流の河川環境も一定に保たれるのです。

ちなみに、「砂防」を英訳すると、エミッション・コントロールとか、エロージョン・コントロールと言うようです。土砂の流出を防ぐという意味です。山から土砂が流出するのは、上流側が崩れて地形が変わり、下流が埋まって地形が変わることにつながります。そしてその過程で、人家や林地・農地が流されたり押しつぶされたりします。それは、人間にとって大変不都合なことなのです。

森林資源の希少性

もう一つ、日本に山村が必要な理由は木材生産です。

木材というのは世界的に言えば貴重な資源なのです。日本は山に恵まれ、森林に恵まれた国ですから、輸出するならわかりますが、海外から木材を買いあさるなど、犯罪行為というべきでしょう。必要な木材は、まず自国内から供給すべきです。

地球全体の森林が減ると、温室効果ガスである二酸化炭素の濃度が地球規模で上昇します。そして、北極圏の気温も上昇し、永久凍土が融け出してくると、今度は地中に封じ込められていたメタンガスも大気中に放出されるようになりつつあります。メタンガスも温室効果をもたらしますから、地球温暖化がますます加速されるわけです。

また、熱帯地方からの木材輸入は、熱帯雨林の破壊につながります。これが現地の生態系を破壊し、人々の生活も脅《おびや》かしています。地域によっては砂漠化が進むこともあります。

日本は降雨量が多い上に、温帯地域にあり気温が適度に高いため、森林が育ちやすく管理もしやすい自然条件を備えています。山間地に人が住んで森林を管理し、木材を適切な量だけ伐採すれば、国内需要の相当部分は賄《まかな》えます。そこまでやった上で、なお不足すれば、それから輸入を考えればいいはずです。

国内林業が盛んになれば、放っておいても山村経済は活性化します。もともとそのようにして成立してきた社会なのですから。

おわりに　山村はこれからの日本のフロンティア

第一章にご登場いただいた平野彰秀《ひらのあきひで》さんに、最後にもう一回出ていただきましょう。東京で恵まれた仕事に就いていたにもかかわらず、出身県とはいえ、県の中心地である岐阜市出身の彼がなぜ石徹白《いとしろ》に居を構える決意をしたのか。彼の活動を紹介した報道では、「使命感」などと評されることがあります。

確かにそういう面もあると思うのですが、私はそれ以上に、彼はそこにフロンティアを見たのだと思っています。別に平野さんだけでなく、農山村の現場を歩いていると、そういう若者は決して珍しくありません。若者はフロンティアに引き付けられます。

オープンソースのパソコン基本ソフト「リナックス」を開発したリーナス・トーバルズ氏の自伝的著書に『それがぼくには楽しかったから』（デイビッド・ダイヤモンドと共著。小学館プロダクション）があります。英語の原題（"Just for Fun" The Story of an Accidental

Revolutionary）を直訳すると「ただ楽しみのため——偶発的革命の物語」です。これもフロンティアを追った若者の「物語」と言えるでしょう。

ことさら、こういう話を平野さんとするわけではないのですが、先ほど自分史にちょっと書いたように、私自身も学生時代からずっとこの世界にいて「楽しかった」し、多分それがフロンティアということだと思っています。

もともと土地に住む人たちで活気に溢れていて、地域経済もしっかり回っており、後継者も順調に育っている……。そんな地域に「よそ者」がわざわざ「開拓」しに入るはずもないのです。

今の価値観からこぼれ落ちたことによって、開発を待つ土地＝フロンティアが生まれた。だからそこに若者が集まってくる——。こういうことではないでしょうか。

千数百年続いたムラと言っても、その間ずっと同じように続いてきたはずはありません。日本の、広くは人類の歴史とともに、ムラのありようも変わってきたはずです。

同時に、ムラのありようが日本を動かしてきたという面もあります。本書に推薦を寄せてくださった竹村公太郎さんは、著書『日本史の謎は「地形」で解ける』（ＰＨＰ文庫）の中で、日本の中心都市の歴史的変遷が、後背地が持つ木材や薪炭《しんたん》の供給力に強く影響されてきたことを示しました。

「過疎」という現象を反対側から見れば、「新たに人が集い何かを始める余地」と見ることができます。

「広大なフロンティア」の誕生です。

小水力発電がそのフロンティアを先導する灯火《ともしび》となってくれることを祈りつつ、筆をおくことにします。

中島《なかじま》　大《まさる》

【著者紹介】

中島　大（なかじま　まさる）

全国小水力利用推進協議会事務局長、一般社団法人小水力開発支援協会代表理事。

1961年生まれ。1985年、東京大学理学部物理学科卒業。株式会社ヴァイアブルテクノロジー取締役などを経て現職。その間、分散型エネルギー研究会事務局長、気候ネットワーク運営委員などを歴任し、小水力利用推進協議会、小水力開発支援協会の設立にも参画する。現在、全国各地の小水力発電事業のサポート、コンサルティングなどを行っている。

主な論文・著作に「転換期に来たエネルギー問題」（『経済セミナー』1994年11月号）、「低炭素革命に必要なエネルギー制度設計」（『経済セミナー』2008年9月号）、自治労自然エネルギー作業委員会報告書『エネルギー自治の実現を目指して』（共著、2005年4月）、連載「地方自治体の地球温暖化対策」（共著、『地方財務』2008年4月号～2009年6月号）など。

全国小水力利用推進協議会　http://www.j-water.org
（一社）小水力開発支援協会　http://www.jasha.jp

小水力発電が地域を救う
日本を明るくする広大なフロンティア

2018年1月25日発行

著　者――中島　大
発行者――駒橋憲一
発行所――東洋経済新報社
〒103-8345　東京都中央区日本橋本石町1-2-1
電話＝東洋経済コールセンター　03(5605)7021
http://toyokeizai.net/

装　丁……………………泉沢光雄
カバー写真………………アフロ
DTP・本文デザイン……タクトシステム
印刷・製本………………丸井工文社
　ISBN 978-4-492-76238-7